中国历史知识读本

东方文明的光辉

——中华农业

张萌萌　编写

吉林出版集团股份有限公司

图书在版编目（CIP）数据

东方文明的光辉——中华农业 / 张萌萌编写. － － 长春：吉林出版集团股份有限公司, 2012.9
ISBN 978 - 7 - 5534 - 0475 - 2

Ⅰ. ①东…　Ⅱ. ①张…　Ⅲ. ①农业史 - 中国 - 古代　Ⅳ. ①S - 092.2

中国版本图书馆 CIP 数据核字（2012）第 215803 号

东方文明的光辉——中华农业
DONGFANG WENMING DE GUANGHUI ZHONGHUA NONGYE

编　　写　张萌萌
策　　划　曹　恒
责任编辑　息　望
责任校对　祖　航
封面设计　隋　超
开　　本　710mm×1000mm　1/16
字　　数　120 千字
印　　张　12
版　　次　2012 年 10 月第 1 版
印　　次　2018 年 5 月第 4 次印刷

出　　版　吉林出版集团股份有限公司
发　　行　吉林出版集团股份有限公司
地　　址　长春市人民大街 4646 号
　　　　　邮编：130021
电　　话　总编办：0431 - 85618719
　　　　　发行科：0421 - 85618720
邮　　箱　SXWH00110@163.com
印　　刷　河北锐文印刷有限公司

ISBN　978 - 7 - 5534 - 0475 - 2　　　　定价　22.00 元

前　　言

　　中国是世界四大文明古国之一。中华民族拥有世界上唯一没有中断的文明。中华民族的史前历史和世界其他民族一样也经历过漫长的洪荒时代（母系氏族阶段），而从黄帝时代开始，至今最少也有五千年之久了。

　　中国人有文字记载的历史可追溯到3000年之前，甲骨文的发现可为确证。而从公元前841年西周共和时期开始，中国的信史记录就一天也没有中断，也为世界各民族所欣羡。浩如烟海的历史典籍不但是前人留给中华子孙的宝贵遗产，也是中华民族为世界文化作出的巨大贡献。

　　现在的中华民族是由56个兄弟民族组成的。这56个民族是在中华5000年历史过程中经过不断的融合逐步形成的。现在的汉族实际上是由古代华夏族和许多少数民族融合而成的。历史上和现存的许多少数民族也都认为华夏族是自己的祖先，如匈奴出于夏、羌出于姜氏、鲜卑出于黄帝、氐出于夏时的有扈氏，这都是史有所据的。

　　5000年的历史是中华各民族共同进步的历史。

　　中国地域辽阔，幅员广大，有陆地面积960万平方千米，海域面积300多万平方千米。中华民族世世代代在这片土地上繁衍生息，不但创造了辉煌的历史，也影响了整个世界。

　　中国的文化和经济在历史上曾长期领先于世界，但从近代开始却经历了备受欺凌、丧权辱国的百年之痛。

　　前事不忘，后事之师。以史为鉴，可以明得失。中国人不会忘记历史。尤其是在改革开放以后的今天，学习历史，继承中华民族的光荣传授，铭记中华民族的深刻历史教训，是每一个中华儿女奋发向上的基础。

由于水平所限，本书限于篇幅，难免挂一漏万，还望广大读者批评指正。

编者

2012 年 5 月

目　　录

农业史

生产方式和工具

农业制度

水利工程

农业著作

农　业　史

中国是世界农业发祥地之一。据考古材料证明，中国农业最少有八九千年的历史。

中国文明的发源地至少有两处：黄河和长江。黄河流域主要种植粟、黍、大麦、小麦等作物；长江流域主要种植水稻。

到了奴隶社会，生产力水平明显提高，种植种类增多，耕作农具改良进步，重视水利灌溉，产量增加，植桑养蚕形成规模，奠定了"男耕女织"的生产模式。

封建社会的农业生产，铁制农具普遍应用，生产效率大为提高，行"尽地力之教"，又使用牛耕，农业生产面貌大为改观。

中国农业的发展并没有改变劳动者的处境，而是滋生了奴隶主阶级和地主阶级。新中国建立以后，实行耕者有其田，人民大众的生活有了根本的改善，农业有了大的发展。

文明古国的农业历史源远流长

中国是世界农业的发祥地之一。根据现有的考古发掘证据可以知道，中国农业已有长达八九千年的悠久历史，由此可见，中国这个文明古国的农业历史源远流长。可以说，中国农业历史有着丰厚的文化积淀。

在距今 170 万~1 万年以前，已经有原始人类生活在中国这片辽阔的大地上了。他们逐步走向文明的殿堂。这个时期，并没有形成农业，原始人类主要依靠采集和渔猎生活，史称旧石器时代。这个时代存在着许多传说，例如：有巢氏"构木为巢"、燧人氏"钻燧取火"和伏羲氏"以佃以渔"等。随着人口的不断增长，采集渔猎已经远远不能满足人们的需要，他们急需寻找一种新的方式来生存，农业就在这样的情况下应运而生了。

在距今 10000~4000 年以前，生活在中国大地上的先人们开创了农业，这个时期史称新石器时代。从此，人们从采集狩猎走向了种植养殖，一般说来，采集活动孕育了原始的种植业，狩猎活动孕育了原始的畜牧业。有关"神农氏"的传说就反映了原始农业发生的那个时代的状况。

随着考古工作的不断开展，不断被发掘的农业遗址反映了中国农业历史的悠久与辉煌。

　　黄河流域是迄今发现最早的农业遗址，分布在河南中部的裴李岗文化和河北中南部的磁山文化，距今有七八千年之久。当地居民最重要的生活资料来源是种植业，他们种植的主要作物是粟（俗称谷子），如在河北武安磁山遗址发现了大量窖藏的粟。当地居民使用的农具也已经有所发展，从砍伐林木、清理场地和加工木器用的石斧，松土或翻土用的石铲，收割用的石镰，到加工谷物用的石磨盘、石磨棒，一应俱全，制作精巧。除种植业外，另一个较重要的生产部门是采猎业，那时人们已经开始使用弓箭、网罟等比较先进的工具了。养畜业也有了一定的发展，蓄养的动物有猪、狗、鸡等。在这种以种植业为主的经济下，人们过着相对定居的生活。分布在陇东和关中的大地湾文化（或称老官台文化）和分布在陕南汉水上游的李家村文化等与裴李岗文化、磁山文化年代相当，经济面貌相似。上述诸文化被后世人统称为"前仰韶文化"。

　　继之而来的是著名的仰韶文化，距今 7000～5000 年。它以关中、豫西、晋南一带为中心，东至河南东部和河北，南达汉江中下游，北到河套地区，西及渭河上游和洮河流域。面积达几万、十几万甚至上百万平方米的大型村落遗址，标志着仰韶文化农业生产水平有了显著提高。这个时候人们主要还是种植粟黍，也种植大麻，晚期有水稻。此外，还发现了蔬菜种子的遗存。除石斧、石铲、石锄外，木耒和骨铲等农具在这时获得了较为广泛的应用，石刀、陶刀主要用于收获，杵臼逐渐代替了石磨盘在谷物加工过程中的作用。养畜业也有了进一步的发展，如饲养的动物增加了山羊、绵羊等，还出现了牲畜栏圈和夜宿场。

　　之后，出现的是龙山文化，距今 5000～4000 年，分布在西起陕西，东到海滨，北达辽东半岛，南及江苏北部的广大地区。虽然龙山文化村落的规模比仰韶文化小，但是农具较之前有了很大的改进。半月形石刀、石镰等收获农具的品种和数量都有所增多；石铲更为扁薄宽大，趋于规范化了；便于安柄使用的有肩石铲和穿孔石铲普遍出现；双齿木耒被广泛使用。这个时候粟黍在经济生活中的地位变得更为重要了。

与前仰韶文化、仰韶文化、龙山文化相比，稍晚的有北辛文化、大汶口文化、龙山文化，它们自成体系分布在山东和江苏北部。这里的居民们也过着定居的农业生活，种粟，养畜，并从事采猎业。大汶口文化中期以后，这里的原始农业发展很迅速，跃居全国首位。农业工具以磨制精致、扁而薄的石铲，鹿角制成的鹤嘴锄和骨铲最有特色。家畜除猪、狗、羊、鸡外，还有北方罕见的水牛，普遍用猪头随葬。龙山文化时期的农业比之大汶口文化时期又有所发展，并表现出许多与中原龙山文化的共同性，反映了黄河流域各地区原始农业文化的融合。

与仰韶文化时间相当的是河姆渡文化和马家浜文化，它们是长江下游的新石器时代遗址。当时已有颇为发达的稻作农业，例如，距今7000年左右的浙江余姚河姆渡遗址和桐乡罗家角遗址出土的稻谷最早和最为丰富。属于该时期的栽培稻遗存已多有发现。这里的稻谷是以粳稻为主的籼粳混合物。构成该文化的一大特色是与稻谷同出的有用鹿骨和水牛肩胛骨加工成的骨耜（可能是绑上木柄后用于挖沟或翻土的工具）。这一时期，养畜业、渔猎业都很发达，并且人们已经能划船到较远的地方去捕鱼了。采集物中有菱角等水生植物，说明采集也有了很大的进步。

前3300—前2200年长江下游的良渚文化，原始水田农业发展到了一个新的阶段，出现了数量不少的用于水田耕作的石犁铧和用于开沟的斜把破土器。水稻仍是这个时期主要的农作物，但作物种类有所增加。家畜仍是猪、狗和水牛，采猎在社会经济中的比重随着农牧经济的发展而下降。这个时期新兴了养蚕栽桑的项目。

时代相当于仰韶文化晚期和龙山文化早期的大溪文化和屈家岭文化，分布在长江中下游的湖北。这里的居民也以种稻为主，稻种多为粳稻。这里使用较多的农具是石质的，显示出了不同于长江下游的特色。当地居民也从事畜牧和采猎业。近年来，长江中游地区的早期稻作遗存不断有新的发现。

中国南方地区农业虽然发生得很早，但后来的发展却很不平衡，出现了不同的经济类型。例如，沿江沿海多贝丘遗址，这里的种植业虽已发生，但在相当长的时期内保留着以捕捞采集为主要生产部门的经济特点；河流两岸的台地遗址，则发展了以种植业为主的综合经济，稻谷已成为这一地区主要的粮食作物，部分地区的农业已经达到很高的水平；西南地区的云南、贵州和西藏，原始农业文化显得更为多样和具有地方特色。

这里所说的北方地区包括东北地区、内蒙古、新疆等省区，是中国后来牧区的主要分布地。但在新石器时代，该地区的农业分别呈现出以种植业为主、以渔猎为主和以畜牧为主等不同类型的经济面貌。其中，以种植业为主经济类型的遗址最多，尤以东北大平原的中南部分布最为密集。比较有代表性的有辽河上游的前红山文化、红山文化和富河文化，一直延伸到河北的北部。河北北部的兴隆洼农业遗址，距今已有将近 8000 年历史。河套地区的新石器时代遗址，经济文化面貌与中原仰韶文化、龙山文化十分相似。在距今 7000 年左右的沈阳新乐文化遗址中，出土了栽培黍的遗存。以渔猎为主的经济类型，以距今 6000 年的黑龙江密山新开流遗址最为典型。大兴安岭东侧的松嫩平原和西侧的呼伦贝尔草原，也有零散分布的以渔猎为主的原始遗存。蒙新高原的典型沙漠草原区，也零星分布一些以细石器为主要文化内涵的遗存，很可能也是原始人游猎的遗迹。在这一地区的新石器时代遗址中，只有个别的遗址能确定为以畜牧业为主经济类型的遗址。

原始的农业遗址众多，证明中国农业历史的久远。几千年的文明古国，用历史证明了农业的重要性。

神农氏的传说

种植业和畜牧业的发生，是从驯化野生动植物开始的。人类在长期的采集和渔猎的生活中，积累了相当丰富的有关植物和动物的知识，这些知识正是原始人类得以驯化植物和动物的先决条件。一旦有由于环境变化引起开辟新的食物来源的需要，原始种植业和畜牧业就会应运而生。中国古史中说的"神农氏"，正是原始种植业和畜牧业发生时候的人物。

传说神农氏本是姜水流域姜姓部落的首领，所谓"姜"，就是牧羊人，"女"字底显示出这个姓氏有着古老的母系氏族社会的遗存。所以，我们可以认定姜氏出自于一个游牧或者半游牧的民族。关于神农氏的起源地有着很多的争议。纵观诸多的争议地，南方各地显然属于附会，不符合游牧或半游牧民族的特点，唯有宝鸡符合这一要求。所以我们可以认定，神农氏是宝鸡人。神农有八世和一人两种说法，八世说中认为，前两任神农葬在出生地宝鸡，第八世葬于南方。一人说中认为，神农葬于宝鸡。

神农氏，别名为五谷帝仙，是传说中农业和医药的发明者。继伏羲之后，神农氏是又一个对中华民族具有颇多贡献的传奇性人物。他发明农具以木制耒、教民稼穑饲养、制陶纺织及使用火，功绩显赫，因以火得王，故为炎帝、赤帝、烈（厉）山氏，世号神农，并被后世人尊为农业之神。除了发明了农耕技术之外，他还发明了医术，开创了九井相连的水利灌溉技术等。相传我国最早的以物易物的市场也是由神农发明的。

传说神农一生下来就很有特点，他长着"水晶肚"，肚子几乎是透明的，五脏六腑全都能看得见，还能看得见吃进去的东西。神农生活的那个时代，人们经常因乱吃东西而生病，甚至丧命。神农为此决心尝遍百草，将能食用的放在身体左边的袋子里，不能食用的就放在身体右边的袋子里，提醒人们注意不可以食用。神农跋山涉水，尝遍百草，以救夭伤之命，后来因为误食了"断肠草"肠断而死。《神农本草经》即是依托他的事迹而来的医学著作。神农在位120年，传七代世袭神农之号，共计380年。

传说神农氏之前有包牺氏，"包牺氏没，神农氏作"；"包牺氏之王天下也，……作结绳而为网罟，以佃以渔"。说明包牺氏的时代正处于渔猎阶段，还没有产生农业，可是到了后来，随着人口的逐渐增加和野兽的逐渐减少，食物逐渐出现短缺，于是出了神农氏。《白虎通义》中就有这样的记载："古之人民皆食兽禽肉，至于神农，人民众多，禽兽不足，于是神农因天之时，分地之利，制耒耜，教民农作"，于是他成为了农业的始祖。

关于神农氏是否是炎帝的这个问题，学术界长期以来形成了观点截然相反的两派：一派认为神农氏就是炎帝。这一派的观点现在占据上风，算是主流派，比如湖南的炎帝陵纪念馆就是把炎帝作为神农来祭祀的，所以纪念馆内就有"炎帝尝百草"的主题。而另一派则认为炎帝和神农是两个系统的人，完全扯不上什么关系，因此不可能是同一人。

古代史书关于神农氏的世代记载是这样的：神农氏统治经历了70个世代（一说17个世代），到黄帝部落崛起的时候才逐渐衰落下去。神农氏及其以前的时代，像伏羲、女娲、神农这样的称呼乃是对某个部落或者部落的若干代首领的统称，而不是对唯一一个君主的称呼。但是，后世的学者们往往对此产生歧见，比如在关于古蜀国的历史记载中，很多人都认为蚕丛和鱼凫是古蜀国的两代君王，但是实际上蚕丛和鱼凫乃是两个分别长达数百年的古蜀国王朝，每个王朝都有十几个世代。这就是为什么伏羲、女娲、神农的统治往往高达数百年乃至数千年的原因。按照一世30年来计算，那么神农氏统治的时期大约为2000年（如果是17个世代则大约是500年）。而黄帝的时代，在距今大约5000年以前，以此上推2000年，就可以推断出神农氏统治开始于距今大约7000年以前。

关于炎帝的历史记载则明显和神农氏的记载有很大的出入。和神农不同，关于炎帝的称号是对某一个人还是对若干世代的部落首领的称呼这一点是存在着争论的。有一种说法认为，炎帝经历了8个世代。第一世炎帝叫神农，他的时代比黄帝的时代大约早几百年。而和黄帝同一个时代的炎帝是第八世炎帝，他叫榆罔。这种说法，就把炎帝和神农串到了一起，即无论炎帝还是神农都是同一部落首领的称呼。同一部落首领有不同的称呼倒不奇怪，但是无论神农氏是70个世代还是17个世代，显然都和炎帝的8个世代对不上号。因此，从这一点上来说，炎帝和神农为同一人的说法也是值得怀疑的。

由于上古时的记载缺乏详尽的文献记录和考古资料，所以炎帝与神农氏是否为同一个人，目前还没有做出定论。但是，这并不影响神农氏在中国农业史中的地位，有关神农氏的传说仍然反映着中国原始农业的逐步发展与进步，也真实地反映着那个年代的农业发展状况。

中国农业从其产生之始，就是以种植业为中心的。因此，首要的问题就是野生植物的驯化。在长期的采集生活中，人们对各种野生植物的利用价值和栽培方法都进行了广泛的试验，从而逐渐选育出了适合人类需要的栽培植物。从"尝百草"到"播五谷"和"种粟"，就是这一过程的生动反映；而所谓"神农尝百草，一日遇七十毒"的传说，则反映了这个过程的艰难。

农业经济要得以确立，就要有相应的工具创造，反映在传说中就是神农氏创制斤斧耒耜，"以垦草莽"。同时又要解决谷物熟食的方法和工具，反映在传说中就是神农氏从"释米加烧石上而食之"到"作陶"的历史过程。

由此可见，所谓"神农氏"的传说，就是中国农业从发生到确立的一整个历史时代的反映。

"农师"后稷

后稷，周的始祖，名弃，是远古时的一位大农艺师，传说他教民稼穑，开创了光辉灿烂的农耕文化。他曾经被尧举为"农师"，被舜命为后稷。舜帝为了表彰他的功德，把广阔的有邰地赐予他。《史记·周本纪》和《诗经·生民》都详细记载和颂扬了后稷的功绩。教稼台也因后稷功德而名扬天下。它记载着炎黄民族农业生产远在各国之先的历史，反映了原始社会生产力的发展。几千年来，有关后稷的故事广为流传。

相传距现在4000多年前，炎帝后裔有邰氏的女儿名叫姜嫄，因心里不舒服经常外出散步。有一天，她偶然发现地面上有一个巨人足迹，觉得好奇，就有意踏上去，后来就怀孕生子。人们认为这个没有父亲的孩子是个"不祥之物"，就想把他抛弃，先后抛弃在小巷、冰河和森林三次，奇怪的是每次都有牛羊、飞鸟和人相救。姜嫄认为他是个神孩，就又抱回去养育，起名叫"弃"。

弃是很有志气的孩子，从小就喜欢农艺，在母亲姜嫄的教诲下很快就掌握了农业知识。他看到人们仅仅依靠打猎维持生活，食物匮乏，常常吃了上顿没下顿，心里非常难过，就决心想个办法来保证人类能生存下去。他想着想着上了山坡，看到满山遍野的树木和花草，突然灵机一动，人们为什么总要渔猎吃肉呢？这些树木的果实、茎叶能不能吃呢？于是，他便决定亲尝各种野生植物的滋味，以确定哪些能吃、好吃，哪些不能吃或不好吃？他遍尝百草，经历了九九八十一难，为人类找到了大量的食物，后被尊称为"农业始祖后稷"。

后稷并不满足于已有的发现，他看到人们为了找到可口好吃的植物，往往要走很远的路，累得满头大汗，他想找到一种方法解决走很远的路的问题。他反复思考、观察，惊奇地发现，飞鸟嘴里衔的种子掉在地里，人们吃完的瓜子、果核扔在地上，到第二年又发出新芽，长出新的瓜果树。后来他又发现植物的生长与天气、土壤有关系，就决定利用天气的变化和不同类型的土地，指导人们选育良种，有计划地进行农耕。相传后稷的精神感动了天帝，天帝便派神仙下凡送来百谷种子，让他为民造福。从此，人类结束了茹毛饮血的生活。

后稷还向民众讲学，教稼台前，农夫们或坐或立，黑压压一大片，静听着后稷讲解农业知识。他挥着手，又是比画，又是示范，每到兴奋处，还下台手把手教人们农耕新法。后来，后稷还在教稼台上号召并领导人们改进农具，开渠修堰，排水、灌溉，使田野呈现一片绿油油的景象。人们都夸后稷教民种的庄稼穗儿大、颗粒饱、产量高。

后稷和夏禹是中国上古文献中最先出现的两个传说人物。据《诗经·鲁颂·閟宫》的说法，后稷之"奄有下土"，是"缵禹之绪"，即"禹治洪水既平，后稷乃始播百谷"。意指后稷是继禹治理洪水造成的灾难以后，领导民众进行农业生产的。在甲骨文中的"司"字，是人张开大口，指发号施令的人。"司"是人在右旁，也可放在左旁，便是"后"字，所以"司"和"后"最初是同一个字的两种写法（以后词义增加，才分为两个字）。后稷也好，司稷也好，都是指领导农业生产的领袖人物。

典型的原始社会村落遗址
——半坡遗址

半坡遗址，位于陕西省西安市东郊灞桥区浐河东岸，是黄河流域一处典型的原始社会母系氏族公社村落遗址，属于新石器时代的仰韶文化，距今6000年左右。半坡遗址是中国首次大规模发掘的一处新石器时代的原始村落遗址。

1953年春，灞桥火力发电厂施工时发现彩陶，中央考古训练班又在浐河东岸半坡村附近发现一处类似遗址的遗迹，随即把遗址的这一发现报告给中央文物局和科学院考古研究所。同年9月，中国科学院考古研究所陕西省调查发掘团对半坡遗址进行了较为深入的调查。下面对从半坡遗址发掘出的遗物及遗迹类型进行介绍。

生产工具

在半坡遗址共出土石、骨、角、陶、蚌、牙等质料的各种生产工具5275件，另外有陶制半成品2638件。按照工具的主要功用，大体上分为三大类：家业生产工具，渔猎工具，手工业工具。此外，还有其他一类，包括因功用不明或可兼用于不同工作部门的各种工具。

生活用具

陶器是当时人们日常生活中用的主要器具。在遗址中收集到的陶片数目在 50 万片以上，超过全部出土物总数的 80%，完整的和能够复原的器皿近 1000 多件。从其形状、质地和生活需要来看，可以分为饮食用器、水器、饭炊器和储藏器等不同的类别。有的陶器口部或陶片上有刻画符号，计 22 种，100 余个，可能为记事或记数用的。郭沫若认为这些符号是中国文字的雏形。这些刻画符号对我们研究文字的起源具有重要的历史意义。

其他人工制品

遗址中出土的乐器有两只陶制的口哨（或称作陶埙），保存完整，都是用细泥捏制而成的，表面光滑但不平整，灰黑色。装饰品发现很多，共计有 9 类，1900 多件。以形状分，有环饰、璜饰、珠饰、坠饰、方形饰、片状饰和管状饰等；以功用分，有发饰、耳饰、颈饰、手饰和腰饰；以材料分，则有陶、石、骨牙、蚌、玉、蚌壳等，其中以陶制成的最多，石制、蚌制的次之，骨制、牙制的较少。

动物骨骼

半坡遗址发现的动物骨骼，属于哺乳动物的有：偶蹄类有猪、牛、羊、斑鹿、麝等；食肉类有狗、狐、獾貉和狸；奇蹄类有马；啮齿类有竹鼠、田鼠；兔形类有兔及短尾兔。另外还有少数鱼类及鸟类的骨骼。出土的骨骼，无论是属于家畜还是野生动物，都非常破碎，看来都是经过人工打碎的。除了鹿角和部分碎骨可能是作骨器使用外，其他骨似乎都是为了吃肉和吃骨髓而打碎的。

从出土的文物来看，可以知道半坡人过着以农业为主的经济生活，狩猎和采集也占有一定的地位。

河姆渡遗址的农业文化

　　河姆渡遗址是中国南方早期新石器时代遗址，主要分布在杭州湾南岸的宁波，绍兴平原，并越海东达舟山岛。河姆渡遗址的发掘为研究中国远古时代的农业、建筑、纺织、艺术等东方文明的起源，以及古地理、古气候、古水文的演变提供了极其珍贵的实物资料和极其有价值的实物佐证，是新中国成立以来最重要的考古发现之一。

　　河姆渡遗址发掘的文物遗存具有数量巨大、种类丰富的特点，为研究距今七八千年前氏族公社繁荣时期人们的生产、生活情况提供了比较全面的材料。耜耕农业是它的文化特色之一。

　　河姆渡遗址两次考古发掘的大多数探坑中都发现了 20 ~ 50 厘米厚的稻谷、谷壳、稻叶、茎秆、木屑和苇编交互混杂的堆积层，最厚处达 80 厘米。稻谷出土时色泽金黄、颖脉清晰、芒刺挺直，经专家鉴定属栽培水稻的原始粳、籼混合种，以籼稻为主（占 60% 以上）。伴随稻谷一起出土的还有大量农具，主要是骨耜，有 170 件，其中 2 件骨耜柄部还留着残木柄和捆绑的藤条。骨耜的功能类似后世的铲，是翻土农具，说明河姆渡原始稻作农业已进入"耜耕阶段"。

　　农业起源表明人类社会从单一的攫取式经济开始向生产式经济发展，这一转变拓展了食物来源，为人类发展奠定物质基础，所以在人类发展史上有十分重要的意义。河姆渡原始稻作农业的发现纠正了中国栽培水稻的粳稻是从印度传入、籼稻从日本传入的传统说法，在学术界树立了中国栽培水稻是从本土起源的观点，而且起源地不会只有一个的多元观点，从而极大地拓宽了农业起源的研究领域。河姆渡遗址人工栽培稻谷的发现说明农业不是哪个圣人发明的，而是人类自身进步的结果，从而有利于人们树立辩证唯物主义史观。

河姆渡遗址，是中国目前已发现的最早的新石器时期文化遗址之一。它证明了早在六七千年前，长江下游已经有了比较进步的原始文化，是中华民族文化的发祥地之一。河姆渡文化的发现与确立，扩大了中国新石器时代考古研究的领域，说明在长江流域同样存在着灿烂和古老的新石器文化。

马家浜的农业文化

　　马家浜文化是长江下游地区的新石器时代文化，因浙江省嘉兴县的马家浜遗址而得名。马家浜遗址主要分布在太湖地区，南达浙江的钱塘江北岸，西北到江苏常州一带。根据放射性碳素判断它的年代并经过校正，其年代约始于公元前 5000 年，到公元前 4000 年左右发展为崧泽文化。

　　马家浜文化类型在嘉兴市境内的重要遗址有嘉兴的马家浜、吴家浜、干家埭、钟家港，桐乡的罗家角、谭家湾、张家埭、新桥、吴家墙门，海宁的郭家石桥、坟桥港，海盐的彭城，平湖的大坟塘，嘉善的小横港、大往遗址等。在太湖流域的苏、锡、常、沪、杭、湖地区中，有湖州邱城，杭州吴家埠，苏州越城，吴县草鞋山，吴江梅堰、袁家埭，上海青浦崧泽下层和常州圩墩，武进潘家塘的下层。

　　1979 年 11 月至 1980 年 1 月，浙江省文物考古所与嘉兴地区文物管理委员会组织考古队，配合农田基本建设，对罗家角遗址进行了发掘。发掘总面积为 1338 平方米，清理灰坑 53 个，发现 4 个文化层。罗家角遗址的 4 个文化层都属于马家浜文化，代表了马家浜文化的若干个不同发展阶段，丰富了马家浜文化的内涵，找到了马家浜文化的早期类型。这是中国考古工作又一重大成绩。罗家角第四文化层出土的芦苇经碳 14 测定，为距今 7040 ± 150 年，第四文化层出土的陶片热释光测定为 7170±717 年，两种测定结果基本一致。马家浜文化的年代为公元前 5000—公元前 4000 年。

罗家角遗址的发掘，引起了中外学者的注意。1987 年日本农耕史代表团专程到罗家角遗址考察马家浜文化，1989 年日本东亚稻作文化起源考古代表团到罗家角遗址考察时说："罗家角遗址发掘出土稻谷，证明这里是日本栽培水稻的发源地之一。"代表团成员日本广播大学教授、农学家渡部忠世说："日本出版的有关马家浜文化的书刊都把罗家角写成罗家谷，这是因为它是水稻的发源地。"

农业生产是马家浜文化居民定居生活的基础。种植作物主要是水稻，在罗家角、草鞋山和崧泽遗址下层都发现稻谷，经鉴定有籼稻和粳稻两种。罗家角第三、四层出土的粳稻，年代在公元前 5000 年左右，是中国目前发现的最早的粳稻遗存。同时，在罗家角遗址还发现有籼稻。从粳、籼稻粒的数量比例分析，当时籼稻的种植比粳稻要发达。

这个时期石器的磨制技术相对较高，器类以石锛为主，体型较厚，有孔石斧大都呈舌形，也比较厚。这种磨制精致的斧，主要应是用来加工木器的工具。在圩墩遗址发现有铲、喇叭形器等木器。在喇叭形器的下端，还有暗红色或黑色并略带光泽的涂料。陶器有夹砂陶和泥质陶两种，均为手制。一般陶色不甚纯正。器表以素面的为多，纹饰有堆纹、弦纹、镂孔、圆窝纹、刻点纹、绳纹、篮纹等。主要器形有釜、鼎、豆、罐、瓮、盆、钵、盉等。还出土有陶质炉、三足壶形器等为其他文化所未见的器物。大都火候不高，陶质较软，制陶技术还处于较低的阶段。在草鞋山遗址发现了公元前 4000 多年的 5 块残布片，经鉴定，原料可能是野生葛，系纬线起花的罗纹织物，密度是每平方厘米经线约 10 根，纬线罗纹部 26～28 根，地部 13～14 根。花纹有山形斜纹和菱形斜纹，组织结构属绞纱罗纹，嵌入绕环斜纹，还有罗纹边组织，这是中国最早的纺织品实物。

采集和渔猎经济在马家浜氏族部落的生产活动中仍占有很重要的

地位。各遗址发现的骨镞以柳叶形的居多，十分尖锐锋利。一些地点有大量的兽骨堆积，其中马家浜遗址有的兽骨堆积厚达二三十厘米。圩墩遗址出土的野生动物骨头已经过鉴定，有梅花鹿、四不像、野猪、獐、貉、蟹、蚝等，此外还有各种鸟类和草鱼、鼋、鲫鱼之类的水生动物。有的遗址还发现了野生的桃、杏梅的果实和菱角，这些都是人们采集和渔猎活动的例证。

马家浜文化的居民还饲养猪、狗、水牛等家畜。草鞋山遗址的马家浜文化早期堆积中发现的狗的头骨，介于狼和现代狗之间，说明狗是从狼驯化而来的，在这时已经成为家畜。

马家浜遗址的发掘，引起了国内外考古界的重视。此后，文物考古界对马家浜文化的归属展开了学术讨论。1977 年 11 月在南京召开的长江下游新石器时代学术讨论会上，夏鼐等考古学家认为长江流域和黄河流域同是中华民族文化起源的摇篮，并确认嘉兴马家浜遗址为代表的马家浜文化是长江下游、太湖流域新石器时代早期文化的代表。从此，马家浜文化正式定名。

"五谷"文化

中国有着丰富的农作物资源。传说神农播"百谷",说明当时的作物种类有数百种之多。后来又出现了"五谷"、"六谷"和"九谷"的说法,其中"五谷"说最为流行。关于五谷,古代有多种不同的说法。

"五谷"这一名词在当初创造的时候,究竟指的是什么,并没有留下确切的记载。我们现在能够看到的最早的解释,是汉朝人写的。汉人和汉以后人的解释主要有以下两种:一种说法是稻、黍、稷、麦、菽(即大豆),另一种说法是麻(指大麻)、黍、稷、麦、菽。这两种说法的差别,只是一种有稻而没有麻,另一种有麻而没有稻。麻虽然可以供食用,但主要是用它的纤维来织布。谷指的是粮食,前一种说法没有把麻包括在五谷里面,比较合理。但是从另一方面来说,当时的经济文化中心在北方,稻是南方作物,北方栽培有限,所以五谷中有麻而没有稻,也有可能。《史记·天官书》"凡候岁美恶"(预测年岁丰歉)下面所说的作物,就是麦、稷、黍、菽、麻五种,属于后一种说法。"五谷"说之所以盛行,显然是受到五行思想的影响。因此,笼统地说来,五谷指的就是几种主要的粮食作物。

两种说法结合起来,就得出了稻、黍、稷、麦、菽、麻六种作物。战国时代的名著《吕氏春秋》里有四篇专门谈论农业的文章,其中《审时》篇谈论栽种禾（稷）、黍、稻、麻、菽、麦这六种作物的情况；《十二纪》篇中说到的作物，也是这六种。很明显，稻、黍、稷、麦、菽、麻就是当时的主要作物。所谓五谷，就是指这些作物，或者指这六种作物中的五种。但随着社会经济和农业生产的发展，五谷的概念在不断演变着，现在所谓五谷，实际只是粮食作物的总名称，或者泛指粮食作物罢了。

"五谷"的概念形成之后虽然相沿了2000多年，但这几种粮食作物在全国的粮食供应中所处的地位却因时而异。

五谷中的粟、黍等作物，由于具有耐旱、耐瘠薄、生长期短等特性，因而在北方旱地原始栽培情况下占有特别重要的地位。至春秋、战国时期，菽所具有的"保岁易为"特征被人发现，菽也与粟一道成了当时人们不可缺少的粮食。与此同时，人们发现宿麦（冬麦）能利用晚秋和早春的生长季节进行种植，并能起到解决青黄不接的作用，加上这时发明了石圆磨，麦子的食用从粒食发展到面食，适口性大大提高，使麦子受到了人们普遍的重视，从而发展成为主要的粮食作物之一，并与粟相提并论。西汉时期的农学家赵过和氾胜之等都曾致力于在关中地区推广小麦种植。

汉代关中人口的增加与麦作的发展有着密切的关系。直到唐宋以前，北方的人口都多于南方的人口。但唐宋以后，情况发生了变化。中国人口的增长主要集中于东南地区，这正是秦汉以来被称为"地广人稀"的楚越之地。宋代南方人口已超过北方，有人估计是6:4。此后一直是南方人口密度远大于北方。南方人口的增加是与水稻生产分不开的。水稻很适合于雨量充沛的南方地区种植，但最初并不受重视，甚至被排除在五谷之外，然而却后来居上。

唐宋以后，水稻在全国粮食供应中的地位日益提高。据明代宋应星的估计，当时在粮食供应中，水稻占7/10，居绝对优势，麦、黍、稷等粮食作物合在一起，只占3/10的比重，已退居次要地位，大豆和大麻已退出粮食作物的范畴，只作为蔬菜来利用了。而在一些作物退出粮食作物的行列时，一些作物又加入到了粮食作物的行列。明代末年，玉米、甘薯、马铃薯相继传入中国，并成为现代中国主要粮食作物的重要组成部分。

道家有"吃五谷，百病出"的说法。道家认为，人食五谷杂粮，要在肠中积结成粪，产生秽气，阻碍成仙的道路。《黄庭内景经》云："百谷之食土地精，五味外美邪魔腥，臭乱神明胎气零，那从反老得还婴？"同时，人体中有三虫（三尸），专靠得此谷气而生存，有了它的存在，使人产生邪欲而无法成仙。因此为了清除肠中秽气，除掉三尸虫，必须辟谷。辟谷即不吃五谷，是方士道家修炼成仙的一种方法，又称"却谷"、"避谷"、"断谷"、"绝谷"、"休粮"、"绝粒"等。道士们模仿《庄子·逍遥游》所描写的"不食五谷，吸风饮露"的仙人行径，企求达到不死的目的。辟谷术起于先秦，大约与行气术同时。集秦汉前礼仪论著的《大戴礼记·易本命》说："食肉者勇敢而悍，食谷者智慧而巧，食气者神明而寿，不食者不死而神。"道教创立后，承袭此术，修习辟谷者，代不乏人。《汉武帝外传》载，东汉方士王真"断谷二百余年，肉色光美，徐行及马，力兼数人"。《后汉书·方术传》载："（郝）孟节能含枣核，不食可至五年十年。"曹植《辩道论》载，郗俭善辟谷事，谓曾"躬与之寝处"以试之，"绝谷百日……行步起居自若也"。曹操招致的方士群中，甘始、左慈、封君达等皆行辟谷术。

五谷，可谓人类文明之起源。据权威资料显示，人类在数十万年前的石器上观察到高粱的痕迹，说明五谷孕育了人类数十万年。人类将野生杂草培育成五谷杂粮，这不能不说是人类史上的一个壮举。

"六畜" 文明

　　《周礼·天官·庖人》："掌共六畜、六兽、六禽，辨其名物。"郑玄注曰："六畜，六牲也。始养之曰畜，将用之曰牲。"后来牲畜或畜生泛指家畜。《左传·昭公二十五年》："为六畜、五牲、三牺，以奉五味。"杜预注曰："马、牛、羊、鸡、犬、豕（猪）。"

　　由上述文献可以知道，中国古代把马、牛、羊、鸡、犬、豕称为"六畜"。其实，历史上的家畜并不止六种，据《尚书·禹贡》等古文献记载，象也曾是家畜之一；边疆少数民族地区自古就驯养骆驼、驴等。从分布的情况来看，家畜的种类组成也因地而异。因此，所谓六畜无非指古代最早驯化的主要家畜。其中尤以犬为最早，因犬在原始时代可以帮助狩猎。山羊或绵羊接着驯化而成，再次是其他家畜，而以家禽较晚。也有认为养猪的历史最早，但不同家畜种类形成的迟早，应以不同的社会环境而异，在已经定居的原始社会里可能最初饲养猪，而在营游牧生活的社会则不然。

　　关于六畜起源，考古学家和农史学者进行了初步研究。周本雄研究了一些重要遗址的动物骨骼，认为磁山文化时代已驯化了狗、猪、鸡；马、牛、羊都是龙山文化时代出现的家畜，马可能还要更晚一些。陈文华系统地收集了考古文物中六畜资料，认为猪在中国新石器时代占有最重要的地位，为六畜之首；商周时期畜牧业特别发达，马已成为六畜之首。《中国农业百科全书·农业历史卷》肯定地指出中国是世界上最早将野猪驯化为家猪的国家，也是世界上已知最早养鸡的国家；犬又名狗，是中国最早驯养的家畜；马是中国历史上最重要的役畜之一，被奉为六畜之首，中国是世界上最早养马的国家之一；牛是中国最早驯养的动物之一，包括黄牛、水牛、牦牛三大类；羊也是中国最早驯化的动物之一，包括绵羊和山羊，中国是家羊起源地之一。这代表了20世纪90年代中国农史学界对六畜起源的基本看法：猪、狗、鸡是中国最早驯化的，马、牛、羊也不是外来的。

进入20世纪，袁靖系统考察了新石器时代中国人获取动物资源的手段和方式。他重点研究了猪和马的驯化或来源问题：猪是东亚新石器时代最主要的家畜，基本上可以肯定是本土驯化的；确凿无疑的家马见于青铜时代，很可能是外来的。

我们的祖先早在远古时期，根据自身生活的需要和对动物世界的认识程度，先后选择了马、牛、羊、鸡、狗和猪进行饲养驯化，经过漫长的岁月，逐渐成为家畜。在《三字经·训诂》中，对"此六畜，人所饲"有精辟的评述，"牛能耕田，马能负重致远，羊能供备祭器"，"鸡能司晨报晓，犬能守夜防患，猪能宴飨宾客"，还有"鸡羊猪，畜之孳生以备食者也"。六畜各有所长，在悠远的农业社会里，为人们的生活提供了基本保障。

古人把六畜中的马牛羊列为上三品。马和牛只吃草料，却担负着繁重的体力劳动，是人们生产劳动中不可或缺的好帮手，理应受到尊重。性格温顺的羊，在古代象征着吉祥如意，人们在祭祀祖先的时候，羊又是第一祭品，当然会受到男女老少的叩拜，羊更有"跪乳之恩"，尊其为上品，乃顺理成章之事。而鸡犬猪为何沦为下三品，也只能见仁见智了。猪往往和懒惰、愚笨联系在一起，除了吃和睡，整天无所事事，它的一生，最终以死献身，供人任意宰割，仅有"庖厨之用"，猪的地位不高，也就不足为奇了。鸡在农业时代的家庭经济中，只起到拾遗补缺的作用，尽管雄鸡能司晨报晓，其重要性与牛马相比，逊色了很多。狗给人的坏印象是由来已久的，我们耳熟能详的成语中，如狼心狗肺，狗急跳墙，狗仗人势……几乎全是贬义的词句。犬忠于职守，是其优点，但六畜中常给人招惹是非的也是它，古语有"尊客之前不叱狗"的说法，可见当时狗的地位是多么低下。

但是，我们也应注意到，六畜中只有狗的饮食习惯和人相近，其智商也是最高的，再加上它有灵敏的嗅觉和听觉，在主人的长期培养教导下，十八般武艺样样精通。狗善解人意，更能逢场作戏，可为主人消除忧愁，增添欢乐。今非昔比，狗早已由畜类荣升为宠物，更是名正言顺地登堂入室，能和主人平起平坐，其他五畜早已望尘莫及了。

尽管如此，六畜取长补短，为人类作出了极大的贡献，它们全都被选入人的十二生肖中，其他六位是鼠、虎、兔、龙、蛇和猴，后者有的虚无缥缈，有的是动物世界里的精英，甚至令人望而生畏，也有的与人相安无事，更有的却危害四方。实事求是地评价，还是六畜好，世世代代与人和平相处，已是人们生产生活的好伴侣。

六畜的饲养在农区中并不算一个独立的生产部门，而是为农业生产服务的。马主要用作运输，作为战争的工具，养马业受到了统治阶级的重视。牛是农民的宝贝，主要用于耕作。马、牛在中国的分工，与欧美的情况稍有不同。欧美在使用牛耕的同时，还大量使用马耕，而中国只是偶尔使用马耕。马和牛除了用于运输和耕地以外，还用于积肥，猪和羊也有同样的功能。农谚中有"养猪不赚钱，回头望望田"的说法。养狗最初是为了助猎，进入农业定居生活以后，狗的作用变为了看家。鸡除了提供肉、蛋外，最重要的作用大概就是司晨，因为农业社会的一大特点就是日出而作，日落而息，公鸡啼鸣就是日常生活中的计时器。

人类在驯养动物的同时也完成了自我驯化。人类与家养动物实质上是一种共生关系：人类在帮助动物生存的同时充分利用动物改善自己的生存。假如没有家养动物，人类将长期处于史前或原始状态。家养动物史实质上是人类文化史的缩影，中国家养动物的起源和发展反映了中国文化的进程。正月初一是鸡日，初二是狗日，初三是猪日，初四是羊日，初五是牛日，初六是马日，六畜排完了，才轮到初七的"人日"。这也大体反映了家畜出现的次第及其与中国人生活的关系。民族动物学研究民族与动物的关系，探讨不同民族对动物有不同利用的方式和认识，是理解中国文化形成的重要视角。

稻的驯化与栽培

稻是中国古代最重要的粮食作物之一，其驯化和栽培的历史，至少已有 7000 年。中国是亚洲稻的原产地之一。

中国发现最早的稻作遗存是在湖南澧县彭头山遗址被发掘出来的，属于新石器时代早期文化，具体年代尚未确定。其后是浙江罗家角的稻作遗存，距今已有 7100 多年的历史，这些稻作遗存籼型和粳型并存。浙江余姚河姆渡遗址出土的大量炭化稻谷和农作工具，尤为引人注目，距今已有 7000 年的历史。总之，已发掘的新石器时代稻作遗存已近 80 处，分布于江苏、浙江、安徽、江西、湖南、湖北、福建、广东、云南、山东、河南、陕西、上海等省市和自治区。黄河流域也发现了不少距今已有四五千年新石器时代的水稻遗存，如河南渑池仰韶文化遗址、河南淅川黄楝树村和山东栖霞杨家圈遗址，充分说明了黄河流域稻作栽培的历史也很悠久。

"稻"字最初见于金文。《诗经》中涉及稻的诗句也不少，如"十月获稻"、"浸彼稻田"等，说明早在 3000 多年以前的商周时期已有不少稻的明确记载。战国时的《礼记·内则》中有"陆稻"，《管子·地员》中亦有"陵稻"，二者都是旱稻。《礼记·月令》和《氾胜之书》中还有"秫稻"的名称，指"糯稻"。

稻在中国古代的分布和发展，大致可分为三个阶段。

夏商至秦汉时期

在新石器时代，稻在南北均有种植，主要产区在南方。自夏商至秦汉期间，除南方种植得更为普遍外，在北方也有一定的发展。《史记·夏本纪》说禹"令益予众庶稻，可种卑湿"，说明夏初就在北方的某些低洼泽地推广种稻。《诗经》的不少有关稻的诗句，反映当时在黄河流域有不少地区也种稻。《周礼》不仅指出当时全国的九州中，除位于南方的扬州、荆州"其谷宜稻"外，还指出北方的豫州、冀州、青州、兖州、并州适宜种植的谷类作物中亦包括稻在内，特别是该书还指出"稻人掌稼下地"，反映当时已有专职管理水稻种植事宜的"稻人"。其他如《左传》、《战国策》、《管子》、《吕氏春秋》、《淮南子》、《汉书》等史书，都有不少反映北方种稻的记载。后汉《异物志》还说"交趾稻，夏冬又熟，农者一岁再种"，反映在当时包括今广东、广西大部地区在内已有双季稻出现。

三国至隋唐时期

在此期间，北方种稻继续有所发展。据《三国志·魏志》、《冀州论》、《晋书·食货志》、《齐民要术》、《隋书·食货志》、《旧唐书》、《新唐书》等记载，当时在黄河流域不少地方都种稻。《旧唐书·玄宗本纪》还谈到开元时曾"遣中书令张九龄充河南开稻田使"。说明当时在今河北、山东黄河以南，江苏、安徽淮水以北的河南道的广大地区辟田种稻。同时，稻在西北及东北地区也有初步发展。《新唐书·郭元振传》说当时凉州都督郭元振曾"遣甘州刺史李汉通辟屯田。尽水陆之利，稻收丰衍"。唐代《括地志》还说"自昆仑山以南，多是平地而下湿，土肥良，多种稻"，说明唐代中国西部的广大地区种稻也有相当规模。南方也有较多的发展。晋代的《广志》记载了岭南不少稻的重要品种，还说当时岭南已有"正月种，五月获；获讫，其茎根复生，九月复熟"的再生稻。唐代《蛮书》还说云南的"曲靖州以南，滇池以西，土俗唯业水田"，而且已有稻、麦二熟制出现。

宋元至明清时期

这时期稻在南北方均有发展。正如宋《本草图经》所说"今有水田处，皆在种之"。据《宋史·食货志》等记载，宋太宗曾命何承矩为制置河北沿边屯田使，在今河北的雄、莫、霸等州筑堤堰，引淀水种稻。在今高阳以东至海全辟为稻田，后又扩大到河北南部和河南南阳等地区。《农桑辑要》还强调指出只要"涂泥所在"之处，"稻即可种"，而"不必拘以荆扬"等地。明清时在北方也开辟不少稻田，清代还在京畿地区设京东、京西等四局，大量辟田种稻，并在西北及山西等地扩大稻区，如《马首农言》还谈到山西"太源迤南郡县多稻"，而寿阳原来是"不种稻、地气晚寒"，但至清代中叶"邑之南乡，近亦有水田，可种稻"。连新疆、西藏也发展种稻，如《西藏考》、《西藏记》等18世纪的著作都谈及西藏不少地方种稻的情况。东北地区在青冈也有发展，如18世纪的《康熙几暇格物篇》及《龙沙纪略》等都记载了"口外种稻"之事。在南方，宋代《东坡杂记》谈到海南岛多种稻，《岭外代答》还说广西钦州"无月不种，无月不收"，可能宋代在个别地方已出现了三季稻。据明代《天工开物》、《伪越外纪》、《五杂俎》以及清代《江南催耕课稻篇》等记载，明清时期在鄂、湘、赣、皖、苏、浙分布有双季连作稻。在浙、赣、湘、闽、川等地分布有双季间作稻，两广则多双季混作稻。在广东、广西南部的一些地方还出现了三季稻。总之，明清时期，水稻栽培几乎已遍及全国各地。

中国古代在稻的栽培技术方面也有很多经验，最突出的有以下两项。

一是轮作和套种方面。在稻田轮作方面，有些学者认为后汉张衡《南都赋》中的"冬禾余夏禾爵"，就是稻麦轮作，但也有人反对此说。唐代《蛮书》则明确记载云南"曲靖州以南，滇池以西"地区，

"于稻田种大麦"，"收大麦后还种粳稻"。说明至迟在 9 世纪以前已出现了稻麦轮作。宋代更有迅速发展，据《宋会要辑稿》、《宋史》等记载，宋太宗时曾在江南、两浙、荆湖、岭南、福建等地推广种麦，促进了稻麦两熟制的发展。南宋时因北方人大量南迁，需麦量激增。政府以稻田种麦不收租的政策，鼓励种麦，故稻麦轮作更为普遍。

二是育秧技术方面。始见于汉代文献，《四民月令》五月条说："是月也，可别稻及蓝，尽至（夏至）后二十日止。""别稻"就是移栽。此外，广东佛山澜石出土的东汉陶水田模型，也有移栽秧苗的反映。宋代陈旉十分重视培育壮秧，其《农书》指出"谷根苗壮好，在夫种之以时、择地得宜、用粪得理，三者皆得，又从而勤勤顾省修治，俾无旱干水潦虫兽之害，则尽善矣"。强调只有掌握好播种适时、选地得宜、施肥合理、管理精细、防止灾害这几个关键，才能育出好秧。

中国是世界上水稻品种资源最丰富的国家。中国的水稻分布，南起热带、亚热带的华南，北至温带的黄河流域，空间上从低洼的平原至海拔 2000 米的山地都有种植，复杂的地理气候条件和几千年的持续种植，形成并积累了众多适应各种环境条件的生态类型和品种。在《管子·地员》中即记载了 10 个水稻品种的名称及其适应的土壤条件，以后历代农书以至诗文中都有水稻品种的记述。到宋代，已经明确有籼、粳、糯品种的名称和早稻、中稻、晚稻的品种名称。北宋《禾谱》记载了江西水稻品种 46 个，明代《稻品》记载了太湖地区水稻品种 35 个，清代《古今图书集成》收载了 16 个省的水稻品种3400 多种。中国现在保存有水稻品种资源 3 万多份，它们是长期以来人们种植、选择的结果。

养蚕种桑的历史

蚕，原是生在自然生长的桑树上的，以吃桑叶为主，所以也叫桑蚕。在桑蚕还没有被饲养之前，我们的祖先很早就懂得利用野生的蚕茧抽丝了，究竟从什么时候开始人工养蚕，现在还难以确定。但是早在殷周时期，中国的蚕桑生产已经有很大发展。

夏代以前已存在蚕的家养，从桑树害虫中选育出家蚕，创造了养蚕技术。商代设有"女蚕"，为典蚕之官。甲骨卜辞中以蚕神与上甲微同祭，对蚕事极为尊崇。当时有杯蚕（臭椿蚕）、棘蚕、栗蚕、蚊蚕四种，家蚕亦称螺蚕。野蚕和家蚕都是多化性，逐步演变而成二化性和一化性，并以三眠蚕为主。周代有"亲蚕"制度，天子和诸侯都有"公桑蚕室"，夏历二月浴种，三月初一开始养蚕，对浴种、出蚁、蚕眠、化蛹、结茧、化蛾等蚕的生长形态，已有一定认识。对养蚕工具曲（箔）、植（蚕架）、筐（蚕匾）、蓬（芦席）等都有记载。从西周到春秋时期主要养一化性蚕（春蚕），而禁养夏蚕（原蚕），一年只养一茬，以免桑叶采伐过度而残桑。周代养蚕方法已较成熟，浴种是清除蚕卵上的杂菌，以白蒿煮汁，浸泡蚕种，促其发蚁。蚕室内注意排水干燥及温度调节。战国时期人们对蚕的习性认识加深，已认识到蚕无雌雄，蛾有雌雄，怕高温，喜一定湿度，恶雨。三眠蚕龄期为 21 日。北方地区蚕有一化性、二化性（原蚕）和多化性，可连续孵化至秋末。在大批鲜茧因来不及抽丝而化蛾破坏茧层时，则用曝茧、震蛹两种杀蛹方法来处理。

秦汉以来对野蚕仍继续采集利用。魏晋南北朝时选种、制种技术有很大进步。北方常用蚕种有三卧一生蚕（三眠一化性）和四卧再生蚕（四眠二化性）两类。从体色和斑纹区别来看，蚕品种分为白头蚕、颉石蚕、楚蚕、黑蚕、儿蚕等。按饲育和繁殖时间分为秋母蚕、秋中蚕、老秋儿蚕、秋末老、獬儿蚕（指南方多化性蚕）等。以茧分类，又可分为绵儿蚕、同功蚕。在饲育过程中，这一时期已注意到桑、火、寒、暑、燥、湿等因素对蚕儿生长的生态影响。蚕具安放时注意蚕座的疏密适当，常在室外上簇，雨天则宜簇于屋内，并有平面上簇、悬挂上簇、室外平铺蓬蒿簇等三种形式。茧处理有日曝法和盐泡法两种方法，而藏茧则多用盐泡法。唐代养蚕基本沿用前代旧法，但都饲养多化性蚕，以三眠蚕与四眠蚕为主，浴蚕则在谷雨节前后于野外进行，与后世盆浴不同。

宋代蚕事趋于完善，生产过程分为：浴蚕、下蚕、喂蚕、一眠、二眠、三眠、分箔、采桑、大起、捉绩、上簇、炙箔、下族、择茧、窖茧等。浴种分多次进行，一在腊月经冻沥毒，二在谷雨催青前温水浴之，清明暖种有人体温和糠火温两种。收蚁有鹅毛掸拂和桑叶香引两种。蚁蚕饲叶用刀切细，小蚕用嫩叶，并注意控温。大蚕薄饲勤添，并勤去粪除沙。上簇时先将早熟蚕拾巧上山，然后大批熟蚕一起上伞形簇，要适当提高温度。贮茧多用盐混法收藏，农家贮茧时间不长，旬日后即出，保持茧质润泽。元代对养蚕要求更严，并重视多化性蚕饲育，适当控制夏秋蚕数量。元代养蚕总结归纳为十体、三光、八宜、三稀、五广。"十体"指寒、热、饥、饱、稀、密、眠、起、紧、慢（指饲叶速度）等条件；"三光"指按蚕的肌色定饲叶多少，"白光向食，青光厚饲（皮皱为饥），黄光以渐住食"；"八宜"指蚕的不同生长期要掌握采光明暗、温度暖凉、风速大小、饲叶速度等八类条件；"三稀"指下蚁、上箔、入簇都要稀疏；"五广"指对影响蚕生长的声音、气味、光线、颜色及不卫生因素等都要禁忌。

明代对蚕种选择和品种改良都很重视，浴种用天露法，利用石灰水、盐卤水等浴法留取好种，淘汰低劣蚕卵，并最早发现了杂交蚕种的优势并加以利用，以"早雄配晚雌幻出嘉种"。可见明时已能用一、二化性蚕蛾进行杂交而成体强丝多的新蚕种。浙江嘉湖地区在上簇结茧时还总结"出口干"的成功经验，即用火加温干燥，使茧质和解舒率得到提高。江南水乡利用池塘养鱼畜牧与栽桑养蚕的水肥相结合，形成自然循环条件下的相互促进，也是成功的范例。同时还采用隔离淘汰等措施，防止蚕脓病、软化病、白假病等传染蔓延，育蚕技术已有较完整的体系。

对于野生柞蚕的利用，宋元以前主要做丝絮、打线及纺粗帛用，宋元后山东登莱地区已推广人工放养野蚕，产量大增。同时纺丝织绸也告成功，野蚕生产遂遍布鲁、辽、陕、豫、贵、皖等省山区。柞蚕有拓、样、棘、萧、懈、椿、椒、柳、榆、枫、构、祀等品种。到明代，野蚕放养已有一套较为成熟的技术和经验，明末山东柞蚕丝绸已闻名中外，从此由历史上的人工自然采集转入到人工放养收集的生产格局。南宋时广西还创造了以醋浸或熏野蚕，然后剖开蚕腹，取其丝"就醋中引之"，一虫可得丝长六七寸的先例，有人认为这是现代人造纤维的前奏。

桑叶是家蚕的主要食料，桑叶品质的好坏，直接关系到蚕的健康和蚕丝的质量。中国很早就发明了修整桑树的技术。早在西周，就已经有低矮的桑树，它或许就是后来所讲的那种"地桑"（鲁桑）。西汉的《氾胜之书》具体讲述了这种地桑的栽培方法：头年把桑葚和黍种合种，待桑树长到和黍一样高，平地面割下桑树，第二年桑树便从根上重新长出新枝条。这样的桑树低矮，便于采摘桑叶和管理。更重要的是这样的桑树枝嫩叶肥，适宜养蚕。贾思勰在《齐民要术》中引用农谚，对地桑作了肯定的评价，说："鲁桑百，丰绵帛，言其桑好，功省用多。"著名的湖桑就是源于鲁桑。两宋以来，人们已把北方的优良桑种鲁桑应用嫁接技术引种到南方。人们以当地原有的荆桑作为砧木，以鲁桑作为接穗，经过长期实践，逐渐育成了鲁桑的新类型"湖桑"。湖桑的形成，大大促进了中国养蚕业的发展。桑树修整技术不断发展提高，桑树树形也不断变化，由"自然型"发展为高干、中干、低干和"地桑"，由"无拳式"发展为"有拳式"。质量优良的桑叶，只能在新生的枝条上产生，通过修整，剪去旧枝条，可以促使新枝条发生。新生枝条吸收了大量的水分、养分，使叶形肥大，叶色浓绿，这样既增加产量，又提高叶质，从而有利于养蚕生产。这也是中国古代劳动人民的独特创造。19世纪后半叶，日本人也根据中国《齐民要术》和其他蚕桑古籍的记载，把桑树培育成各种形式。

中国是最早种桑养蚕的国家，联系中西方的交通要道命名为"丝绸之路"也是与其分不开的，因此，中国又有"丝国"之称。

麻葛栽培的兴衰

在中国古代普通老百姓所穿的大多是由麻、葛布做成的衣服，因此，麻葛的种植与栽培在中国古代农业中也占有一定的地位。

麻主要指的是大麻和苎麻。大麻同时具有做衣服和食用两种功能：做衣服用的是雄麻，食用的是雌麻。中国古代对植物的雌雄性早就有认识，称雄麻为"枲"，雌麻为"苴"。苎麻原产南方，商周时代即已进入北方，然而北方苎麻栽培时断时续。其在南方则相沿不断，即便是棉花成为大众衣着原料之后，它仍是南方人夏装面料的主要来源。

麻、葛虽然在古代运用很多，但是随着人口的增加，这种原有的衣着原料已不再使用，这时早已进入中国边疆地区的棉花开始向内地发展。继关、陕、闽、广首得其利后，江、淮、川、蜀，又获其利。元代统一之后，商贩于北，服被渐广。时有黄道婆，本为松江（今上海市）人，流落到海南，向黎族学习到了先进的棉纺技术，回到家乡后，革新了轧花、弹棉和纺纱技术，推动了江浙等地棉纺业的发展。到了明朝，棉花已是"地无南北皆宜之，人无贫富皆赖之"。这个时候麻葛走向了衰亡。

太湖地区史前的麻葛遗存

根据考古发现，大致在距今 7000 年前，太湖及其周围地区的先民，便已开始懂得对苎麻和苘麻的利用。如在浙江余姚河姆渡新石器时代早期的文化遗存中，就发现不少用麻搓成的绳索，其中大多数是用苎麻搓成的，还出土有完整的苎麻叶片。绳索中少数是用苘麻制作的，它的纤维截面呈多角形，与现在的苘麻完全相同。这也是世界上迄今发现的最早利用苎麻和苘麻编织的线索。

葛大多生长在丘陵坡地和疏林之中，太湖地区在远古时，"山林幽冥"，葛的资源比较丰富，所以对葛的利用也较早。1972 年，考古工作者在发掘吴县草鞋山新石器文化遗址中，出土了 3 块织物残片，经上海纺织科学研究院鉴定，认为系用葛纤维织成的葛布。草鞋山遗址出土葛布的文化层，其时间距今 6000 多年，说明这一地区的先民，早在这时，就不仅知道用蚕丝和麻来进行纺织，并且还使用葛的纤维来织布。

先秦时期麻葛的栽培与利用

太湖地区栽培的麻类，主要有苎麻、大麻和苘麻三种。苎麻和苘麻在中国分布比较普遍，太湖地区在史前就有利用。大麻原产于中国北方地区，在今华北和东北仍然有它的野生种。在黄河流域的许多新石器时代遗址中，都发现有大麻织物的印痕，但传至太湖地区，可能是进入文明以后的事情。葛是属于豆科的一种藤本植物，所以也称葛藤。《韩非子·五蠹》称："冬日麑裘，夏日葛衣"，在早先，葛和丝、麻一样，也是人们用作丝织的原料。

吴、越时期的麻葛生产

太湖地区麻葛生产和利用的时间很早，但是有关这一地区麻葛的文献资料，直至《吴越春秋》和《越绝书》中，才有某些间接的记载。所谓间接记载，即这些史籍中提到的麻葛，不是从农业生产角度讲的，主要是从地名的记述中谈及的，这些地名，大多是在越国的范围。

这时葛的史料，主要有这样二条：一是《吴赵春秋》中记述勾践和群臣商量："越王曰：'吴王好服之离体，吾欲采葛使女工织细布献之，以求吴王之心，于子何如？'群臣曰：'善'，乃使国中男女入山采葛，以作黄丝之布。欲献之，未见遣使，吴王闻越王尽心自守，……因而赐之以书，增之以封。……越王乃使大夫种索葛布十万，以复封礼。"另一条记载是："葛山者，勾践罢吴，种葛，使越女织治葛布，献于吴王夫差。"这两条史料，都是记述勾践役使越人织葛布献给吴国的史实，所不同的是前一条讲"使国中男女入山采葛"，后一条讲勾践从吴国放回以后，于葛山亲自"种葛"，即葛的来源，前者指采集野生，后者称人工种植。这一点，乍看似有矛盾，其实正好反映了当时浙东和太湖地区葛布主要采用野生葛藤，少量来自人工栽种的这样一种历史事实。

秦汉至五代时期的麻葛生产

秦汉时期，太湖地区地广人稀，经济比中原落后，麻、葛生产较先秦有所发展，但发展并不明显。西晋末年晋室南渡以后，北方难民大量移居，由于移民带来了北方先进的植麻、纺织技术，麻、葛生产得到了较大的发展。但是，农作物的生产发展过程，也是一个优胜劣汰的过程。葛布穿着虽然比较凉爽、舒适，但是其纤维粗短，随着麻类的发展，后来慢慢走上了衰退的道路。

在先秦、两汉乃至六朝，虽然葛的织物和丝、麻织物长期并存，但可能由于地域差异，丝、麻还不能完全取代葛，所以，葛的生产在太湖地区和中原的青州、豫州一带，一直延续未衰。这一时期尽管各地仍有采集野生葛藤的情况，但普遍已重视栽培的"家葛"。家葛春天时用种子繁殖，至农历的五六月间就可采葛，根据采收时间的先后，还有头葛、二葛之别。不过，至唐朝以后，随着社会经济生活的提高，更主要是丝麻生产的发展，葛的栽培和纺织就日渐衰落了。如在《唐六典》描述绢布等第中，就不再见到葛织物的"绤"、"绤"一类名字了。这一点，在李白的《黄葛篇》一诗中，也多少有所反映："黄葛生洛溪"，"采缉作绤绤"，"此物虽过时，是妾手中迹"，说明在中唐时，如李白所言，绤绤便有些过时了。

两宋至清朝麻葛生产的消长

葛布自唐朝起，日益为麻织物取代，但如《嘉泰会稽志》所记载，"葛性柔韧，蔓生可衣"，在江浙包括太湖地区，宋朝时由于其资源较多，仍有利用葛纤维制作夏服和渔网等情况。元朝以后，由于太湖地区棉花生产迅速发展了起来，葛在棉花纤维的竞争、冲击下，最终完全被替代而从纤维作物中退了出去。至清朝时，如《救荒简易书》所反映的那样，葛根可以作救荒充饥，葛已从纤维作物变为一种救荒植物。这一点，在民国初《川沙县志》中，也有很好的说明："葛，草荡最多，村野亦有之，蔓生三丈，茎多纤维，可为绤、绤。人多不识，即有识者，未谙其法，此风气使然也。"这即是说，在清朝末年，由于人们长期不再利用葛藤，一般已不知其可以织绤和绤，就是知道，也不熟悉如何加工、织造了。从这个时期，麻葛的生产走向了衰落。

茶的历史渊源

中国是最早发现和利用茶树的国家，被称为茶的祖国。文字记载表明，我们祖先早在 3000 多年之前就已经开始栽培和利用茶树了。茶树的种植与栽培是中国农业发展史上的一颗明星。

茶树的起源时间必定早于文字记载的 3000 多年前，茶树起源于什么时候的问题，历史学家并没有给出答案，这一问题是由植物学家解决的。他们按照植物分类学方法来追根溯源，经过一系列的分析研究，认为茶树起源至今已有 6000 万 ~ 7000 万年历史了。关于茶树的起源地问题，历来争论较多，随着考证技术的发展和新发现，人们才逐渐达成共识，即中国是茶树的原产地，并确认中国西南地区，包括云南、贵州、四川是茶树原产地的中心。由于地质变迁及人为栽培，茶树才开始普及全国，并逐渐传播至世界各地。

传说"茶之为饮，发乎神农氏"。汉代及汉代以前，中国西南地区四川一带即已成为茶业的中心。不仅有以茶命名的地名，而且还出现了茶市。但唐代以前所饮用的茶叶，主要以采集的野生茶为主，栽培可能尚不普遍。就连《茶经》中也很少有关于茶树栽培的记载，而仅仅提到"凡艺而不实，植而罕茂，法如种瓜，三岁可采"。但是在《茶经》之后，茶叶生产得到了迅速的发展，唐朝时全国产茶地已有 50 多个州郡。除南方老茶区之外，河南、陕西、甘肃等省区也都有茶叶生产。这些新发展起来的，或是即将发展起来的茶叶产区急需了解有关的茶树栽培技术与经验，于是在唐末五代时期出版的韩鄂《四时纂要》一书中有"种茶"和"收茶子"两节的出现，并对茶园的选择、茶树的种植、茶园的管理和茶子的收藏等都作了翔实而又较为全面的记述。

《四时纂要》认为，茶有两个特点。一是"畏日"。茶是一种喜阴作物，因此，适合种于"树下或北阴之地"。所谓"树下"，即桑下、竹阴地；"北阴之地"，即背阴之地，但不一定是指山坡的北面，因为在《茶经》中已指出："阴山坡谷者，不堪采摘，性凝滞。"二是"怕水"。茶"水浸根，必死"，所以适合于种植在"山中带坡峻"之地，因为山坡上排水良好；若在平地建茶园，则须"于两畔深开沟垄泄水"。《茶经》中也有同样的看法，"其生者，上者生烂石，中者生砾壤，下者生黄土"。把这两个方面的特点结合起来，可知茶树适合于种植在背阴的山坡上，即《茶经》所说的"阳崖阴林"，向阳且有树木荫蔽的山坡是种植茶树最好的生态环境。

《四时纂要》介绍的种茶方法是一种"区种法"。先是开坑，每坑圆三尺，深一尺，坑间距二尺，每亩二百四十坑，在整地施肥之后，每坑播子六七十颗，覆土厚度是一寸。第一年不要中耕除草，而要注意防旱，要求"旱即用米泔浇"。第二年，则在中耕除草的同时，还要注意施肥，但肥不能施得太多。平地茶园还要注意开沟排水。第三年，则可以采摘了。茶子受冻，不得生发，因此，收藏时必须注意防冻。方法是"熟时收取子，和湿沙土拌，筐笼盛之，穰草盖之"。《四时纂要》"种茶"和"收茶子"两条记载，是已知有关茶树栽培和管理方法最早最详细的记载，后世一些农书或茶书有关茶树栽培的记载都未超出本书的内容。

《茶经》虽然略于栽培，但对于茶叶的采摘和加工却非常在意。唐代陆羽认为，"采不时，造不精，杂以卉莽，饮之成疾，茶之累也"。陆羽所记主要是指长江流域的春采，即二、三、四月间。采摘时间，晴天"凌露采"。采摘标准为"长四、五寸"的粗壮嫩芽（带梗）。还要根据土壤状况来决定采摘，"生烂石沃土，长四、五寸，若薇蕨始抽，凌露采焉"。如果生长在土壤瘠薄的乱草丛中，"有三枝、四枝、五枝者，选其中枝颖拔者采焉"。还要根据当时的天气状况，"日有雨不采，晴有云不采"。在茶叶的加工方面，陆羽提到的是饼茶的加工方法，这是唐代新出现的一种茶叶加工方法。此前茶叶的饮用方法是将采集来的野生茶叶放入水中煮沸后，茶叶与水一同食用，就像吃蔬菜一样。而饼茶制作方法是把采来的茶叶先放入甑中蒸，再用石臼、木杵捣，拍打成饼，焙干后，用荻（芦苇）和箴（竹条、竹片）穿起来封存。即陆羽所说的："晴采之，蒸之、捣之、拍之、焙之、穿之，封之。"陆羽还将加工出来的成品分为八个等级。唐代还出现了一种新的茶叶加工方法，即散茶法。方法是将茶叶微蒸之后，摊晾，用手揉捻、烘干，饮用时随时冲泡。这种方法也就是今天最流行的方法。

据可查的大量实物证据和文史资料显示，世界其他国家的饮茶习惯和茶树种植方法都来自于中国。茶的发源地在中国中西部山区，陆羽《茶经》云："茶者，发乎神农氏，起于鲁周公。""茶者，南方之嘉木也，一尺、二尺乃至数十尺，其巴山峡川（今神农架地区）有两人合抱者，伐而掇之。"故茶的发源地在中国是无可争议的事实。

无论是从茶树的栽种、茶叶的采摘还是饮茶文明的起源，中国都是最早的国家。中国的这一片沃土孕育了茶树，它是茶树的故乡。中国古代劳动人民总结关于茶树的种植方法是后世人种茶的依据，他们创造的茶树文明是世界人类的宝藏。

悠久的养鱼史

中国是世界上养鱼最早的国家之一，以池塘养鱼著称于世。唐代中叶以前，以养鲤鱼为主，唐末，开始饲养草鱼。宋代以后，在鱼苗饲养和运输、鱼池建造、放养密度、搭配比例、分鱼、转塘、投饵、施肥、鱼病防治等方面，积累了丰富的经验，为中国近代养鱼业的发展奠定了坚实的基础。

中国养鱼历史悠久，有关养鱼的起始年代主要有两种说法。一是始于殷末，依据是殷墟出土的甲骨卜辞有"贞其雨，在圃渔"，"在圃渔，十一月"的记载，被认为是指在园圃内捕捞所养的鱼。据此说，中国养鱼始于公元前 13 世纪。另一种意见始于西周初年，《诗经·大雅·灵台》是一首记述周文王建灵台的诗，诗中说到"王在灵沼，于牣鱼跃"，被认为是中国人工养鱼的最早记载。据此说，中国养鱼始于公元前 11 世纪。

到了战国时期，各地养鱼普遍展开。《孟子·万章上》说，有人将鲜活鱼送给郑国的子产，子产使管理池塘的小使将鱼养在池塘里。常璩《华阳国志·蜀志》也说，秦惠文王二十七年（公元前 311年），张仪和张若筑成都城，利用筑城取土而成的池塘养鱼。这时的养鱼方法较为原始，只是将从天然水域捕得的鱼类，投置在封闭的池沼内，任其自然生长，至需要时捕取。

汉至隋唐时期主要以池塘养鲤为主。西汉开国后，经 60 余年的休养生息，奖励生产，社会经济有了较大的发展，至武帝初年，养鱼业开始进入繁荣时期。司马迁《史记·货殖列传》说，临水而居的人，以大池养鱼，一年有千石的产量，其收入与千户侯等同。主要养鱼区在水利工程发达、人口较多、社会繁荣的关中、巴蜀、汉中等地，经营者有王室、豪强地主以及平民百姓。养殖对象从前代的不加选择，变成以鲤鱼为主。鲤鱼具有分布广、适应性强、生长快、肉味鲜美和在鱼池内互不吞食的特点，同时有着在池塘天然繁殖的习性，可以在人工控制条件下，促使亲鲤产卵、孵化，以获得养殖鱼苗。鱼池通常有数亩面积，池中深浅有异，以适应所养鲤鱼不同的生活习性。在养殖方式上，常与水生植物兼作，在鱼池内种上莲、芡，以增加经济收益并使鲤鱼获得食料来源。

湖泊养鱼也始于西汉。葛洪《西京杂记》说，汉武帝在长安筑昆明池，用于训练水师和养鱼，所养之鱼，除供宗庙、陵墓祭祀用外，多余的在长安市上出售。到东汉，汉中地区开始稻田养鱼。当地农民利用夏季蓄水种稻期间，放养鱼类。另一种养殖方式是利用冬水田养鱼。这种冬水田靠雨季和冬季化雪贮水沤闲期间的蓄水养鱼。稍后，巴蜀地区也开始稻田养鱼。

在汉代发达养鱼业的基础上，出现了中国最早的养鱼著作《陶朱公养鱼经》。该书的成书年代有不同看法，有人认为是春秋时越国政治家范蠡所作，一般认为约写成于西汉末年。原书已佚，从《齐民要术》中，得知其主要内容包括鱼池工程、选优良鱼种、自然产卵孵化、密养、轮捕等。

自三国至隋，变乱相承，养鱼业一度衰落，至唐代又趋兴盛。唐代仍以养鲤鱼为主，大多采取小规模池养方式，养殖技术主要继承汉代，但这时已人工投喂饲料，以促进池鱼的快速生长。随着养鲤业的发展，鱼苗的需要量增多，到唐代后期，岭南（今广东、广西等地）出现以培养鱼苗为业的人。段公路《北户录》说，这些人采集附着于草上的鲤鱼卵，于初春时将草浸于池塘内，旬日间都化成小鱼，在市上出售，称为鱼种。至唐昭宗时，岭南渔民从西江中捕捞鱼苗，售予当地耕种山田的农户进行饲养。刘恂《岭表录异》说，新州（今广东新兴县）、泷洲（今广东罗定县）的农民，将荒地垦为田亩，等到下春雨田中积水时，就买草鱼苗投于田内，一两年后，鱼儿长大，将草根一并吃尽，便可开垦为田，从而取得鱼稻双丰收。

宋元明清时期主要饲养青鱼、草鱼、鲢和鳙，在养殖技术上有较大程度的提高，养殖区域也在不断扩展。这是中国古代养鱼的鼎盛时期。北宋年间，长江中游的养鱼业开始发展，九江、湖口渔民筑池塘养鱼，一年收入，多者几千缗，少者也有数万。到南宋，九江成为重要的鱼苗产区，每逢初夏，当地人都捕捞鱼苗出售，以此图利。贩运者将鱼苗远销至今福建、浙江等地，同时形成鱼苗存在、除野、运输、投饵及养殖等一系列较为成熟的经验。会稽（今浙江绍兴）、诸暨以南，大户人家都凿池养鱼。每年春天，购买九江鱼苗饲养，动辄上万。养鱼户这时将鳙、鲢、鲤、草鱼、青鱼等多种鱼苗，放养于同一鱼池内，出现最早的混养。宋代还开始饲养与培育中国特有的观赏鱼——金鱼。随着养鱼业的发展，这时也开始进行鱼病防治。

明代主要养鱼区在长江三角洲和珠江三角洲，养殖技术更趋完善，在鱼池建造、鱼塘环境、防治泛塘、定时定点喂食等方面有新的发展。养鱼池通常使用两或三个，以便于蓄水、解泛和卖鱼时去大留小。池底北面挖得深些，使鱼常聚于此多受阳光，冬季可避寒。明代后期，珠江三角洲和长江三角洲还创造了桑基鱼塘和果基鱼塘，使稻、鱼、桑、蚕、猪、羊等构成良性循环的人工生态系统，从而提高了养鱼区的经济效益和生态效益。混养技术也有提高，在同一鱼池内，开始按一定比例放养各种养殖鱼类，以合理利用水体和经济利用饵料。这样有利于降低成本，提高产量，增加收益。

河道养鱼也始于明代。这种养殖方式的特点是将河道用竹箔拦起，放养鱼类，依靠水中天然食料使鱼类成长。嘉靖十五年（1536

年），三江闸建成，绍兴河道的水位差幅变小，为开发河道养鱼创造了条件。池养也见于明代。黄省曾《种鱼经》说，松江（今属上海市）渔民在海边挖池养殖鲻鱼，仲春在潮水中捕体长寸余的幼鲻饲养，至秋天即长至尺余，腹背都很肥。

清代养鱼以江苏、浙江两省最盛，其次是广东。江苏的养鱼区主要在苏州、无锡、昆山、镇江、南京等地。浙江养鱼以吴兴菱湖最著名，嘉兴、绍兴、萧山、诸暨、杭州、金华等地都是重要的养鱼区。广东的养鱼区主要在肇庆、南海、佛山。其他如江西、湖北、福建、湖南、四川、安徽、台湾等省，也有一定的养殖规模。养鱼技术主要承袭明代，但在鱼苗饲养方面有一定发展。屈大均《广东新语·鳞语》说，西江渔民将捕得的鱼苗分类撇出，出现了最早的撇鱼法。在浙江吴兴菱湖，渔民利用有害鱼苗对缺氧的忍耐力比养殖鱼苗小的特点，降低水中含氧量的方法，将有害鱼苗淘汰，创造了挤鱼法。

中国古代养鱼业发展迅速，在世界养鱼史上占有重要地位。

园艺生产

"园艺"一词包括"园"和"艺"二字,《辞源》中称"植蔬果花木之地,而有藩者"为"园",《论语》中称"学问技术皆谓之艺",因此栽植蔬果花木之技艺,谓之为园艺。园艺业是农业中种植业的组成部分。园艺生产对于丰富人类营养和美化、改造人类生存环境有重要意义。

园艺,即园地栽培,具体就是果树、蔬菜和观赏性植物的栽培、繁育技术和生产经营方法。园艺可相应地分为果树园艺、蔬菜园艺和观赏园艺。"园艺"一词,原指在围篱保护的园囿内进行的植物栽培。现代园艺虽早已打破了这种局限,但仍是比其他作物种植更为集约的栽培经营方式。园艺的起源可追溯到农业发展的早期阶段。

夏商时期的农艺和园艺尚无明显分工。周代园圃开始作为独立经营的部门出现,当时园圃内种植的作物已有蔬菜、瓜果和经济林木等。战国时期许多著作中都有栽种瓜、桃、枣、李等果树的记述。

战国以前的园圃业已和大田农业分离,但园圃业内部则是园圃不分的。秦汉时代园和圃已各有其特定的生产内容。《说文》:"种菜曰圃","园所以树果也"。当时除了有地主和农民作为副业的园圃外,还出现了大规模的专业化园艺生产。栽培果树和蔬菜的种类越来越多。据《西京杂记》等的记载,仅长安汉宫果树木类已有 27 种之多，其中枇杷、杨梅、荔枝、林檎、安石榴等属首次见于文献，果树优良品种也见于记载，其中有梨十种、枣七种、栗四种、桃十种、李十五种、柰三种、楟三种、棠四种、梅七种、杏二种。汉代还从西域引种葡萄。又据对《氾胜之书》、《四民月令》和《南都赋》（东汉张衡著）的统计，汉代的栽培蔬菜有 21 种，主要的种类有葵、韭、瓜、瓠，并出现了诸如东陵瓜这样的一些优良品种或名产。

汉代在蔬菜栽培方面积累了丰富的经验。仅在《氾胜之书》中就记载了葫芦嫁接、葫芦摘心和陶瓷渗灌技术，《四民月令》中则记载了分期播种、蔬菜移栽和生姜催芽技术。最值得注意的是温室栽培技术。秦始皇时代，就曾在骊山附近冬种瓜，并取得成功。汉代有关温室栽培的记载很多，如《后汉书·邓皇后传》提到当时宫中用"郁养强熟"、"穿凿萌芽"的办法，培育"不时之物"，《盐铁论·散不足》则谈到当时富人享用的东西中就有"冬葵温韭"这样的一些不时之物。而最有代表性的记载见于《汉书·召信臣传》："太官园种冬生葱韭菜茹，覆以屋庑，昼夜燃蕴火，待温气乃生。"这是最早的关于温室栽培的记载。

在果树栽培技术方面，秦汉时期也采用了不少新的措施。如压条、移栽、修剪整枝、灌溉、施肥和中耕等。压条当时称为"掩"，修剪整枝称为"剥"。《四民月令》："正月尽二月，可剥树枝"；"二月尽三月，可掩树枝"。移栽则称为"移树"或"徙树"。当时已注意到果树移栽时应注意朝向，《淮南子·原道训》："今夫徙树者，失其阴阳之性，则莫不枯槁。"在移栽时，对于果树的株行距提出了要求，桃、李、梨、柿等果树的株行距为"三丈一树、八尺为行"，且要"果类相从，纵横相当"。

20 世纪以后，园艺生产日益向企业经营发展，包括果树、蔬菜和观赏植物在内的园艺产品愈来愈成为人们完善食物营养，美化、净化环境的必需品。果树中的葡萄、柑橘、香蕉、苹果、椰子、菠萝，蔬菜中的豆类、瓜类和花卉中的切花、球根花卉等在国际贸易中的比重也不断提高。由于许多现代科学技术成果的应用，园艺生产技术进步迅速。植物激素为园艺作物的繁殖和生长结果的调节提供了新的手段，组织培养技术使快速繁殖园艺作物和进行无病毒育苗有了可能。塑料薄膜的广泛应用大大便利了各种园艺作物的保护地生产，控制光照处理为周年供应蔬菜和鲜花开辟了新的途径。各种果实采收机、采集器的发明使园艺生产有可能很快地结束手工操作。遗传学的进步正使园艺作物育种工作提高到新的水平。现代园艺已成为综合应用各种科学技术成果以促进生产的重要领域，同时，园艺生产技术的研究，也反过来对植物生理学、遗传学等的发展起着有力的促进作用。

园艺生产历史悠久，最初仅作为农业的附属部门，具有自给性生长的性质。19 世纪后半期，随着农业生产力的高度发展和农业生产地域分工的加强，园艺业逐渐成为一个独立的种植业部门而得到迅速发展。除经济发达国家外，第三世界的一些国家也纷纷兴建以园艺业为对象的种植园。20 世纪中期以来，园艺业成为创汇农业的重要组成部分。

园艺作物一般指以较小规模进行集约栽培的具有较高经济价值的作物。园艺作物通常包括果树、蔬菜和各种观赏植物、香料植物及药用植物等，主要分为果树、蔬菜和观赏植物三大类。果树是多年生植物，而且主要是木本植物，可提供食用的果实，主要包括落叶果树、常绿果树、藤本和灌木性果树和一小部分多年生草本植物。蔬菜则以一、二年生草本植物为主，不限于利用果实，也可利用根、茎、叶和花等部分，因而又可划分为果菜类、根菜类、茎菜类、叶菜类和花菜类等；此外也包括一小部分多年生草本和木本蔬菜以及菌、藻类植物。观赏植物中既有一、二年生，多年生宿根或球根花卉，也有灌木、乔木等花木。

实际上有些园艺作物与其他作物往往很难明确区别，而且各国各地区的分类习惯也不一致。有些国家作为园艺作物的马铃薯和甜玉米，在美国被列为农作物；在较粗放管理下的枣树、栗树特别是坚果类果树常被视为经济林木；油菜和蚕豆、豌豆分别是油料和粮食作物，但在小规模作蔬菜用栽培时就成为园艺作物；草坪用的草类是园艺作物，而大规模栽培的牧草就成为饲料作物；欧洲还有把香料植物、药用植物归入园艺作物的，而中国则习惯上把它们连同烟草、茶、咖啡等作为特种经济作物，归入广义的农作物一类；等等。

中国发展园艺业具有以下的有利条件：自然条件多种多样，适合发展各类园艺作物；人口众多，劳动力充裕，农业有精耕细作的传统；园艺业发展已有数千年历史，有从事园艺生产的经验与技能，并形成了一批园艺业重点发展地区，如南丰、温州蜜橘，曹州（菏泽）牡丹，吐鲁番葡萄和哈密瓜等。

园艺业是农业种植业生产中的一个重要组成部分，对于丰富人类营养和美化、改造人类生存环境有重要意义。中国具有发展园艺业的有利条件和悠久的历史经验，凭借种子资源、气候资源、劳动力资源、市场优势、花卉文化优势等多种有利的条件，可以在园艺生产方面大大发挥自己的优势。因此说，中国在园艺生产方面具有很好的前景。

畜牧业的发展

　　畜牧业是利用畜禽等已经被人类驯化的动物，或者鹿、麝、狐、貂、水獭、鹌鹑等野生动物的生理机能，通过人工饲养、繁殖，使其将牧草和饲料等植物能转变为动物能，以取得肉、蛋、奶、羊毛、山羊绒、皮张、蚕丝和药材等畜产品的生产部门，是人类与自然界进行物质交换的极重要环节。它是农业的重要组成部分之一，与种植业并列为农业生产的两大支柱。

　　中国古代畜牧业曾有过辉煌的成就，各族人民在长期实践过程中创造的生产技术和管理经验，有的至今仍有重要的价值。中国有着十分丰富的家畜资源，世界上所有的家畜种类，在中国几乎都存在。把野生动物驯化成为家畜的漫长过程，可从新石器时代文化遗址出土的兽骨，原始洞壁或陶器上的刻绘，以及某些古代传说等大体推断出一个轮廓。

　　黄河流域及其邻近草原，应是某些畜种的发源地。约在新石器时代晚期，一般家畜已经先后形成。河南裴李岗文化遗址中有多达1000 余头牛和猪的遗骸堆积；浙江河姆渡与罗家角两地文化遗址中有猪骨和猪塑像，以及水牛和鹿的头骨堆积。这些均可证明至迟7000 余年前不少重要的动物已分别在中国南方和北方被驯化。传说伏羲氏"教民养六畜，以充牺牲"；还有伏羲氏"茹毛饮血，教民渔猎"之说。这些反映了人类在渔猎经济时代驯化家畜的努力，同时也表明最初饲养的家畜是供肉食和利其皮毛的，也被用作祭品。5000多年前从神农到黄帝的传说时代，家畜渐被用于驾车役使。唐《通典·礼》篇称："黄帝作车，至少昊，始驾牛，及陶唐氏（尧）制銮车，乘白马，则马驾之始也。"从殷墟发掘的马车，其结构已与秦汉时代的畜力车辆近似。

到奴隶社会，畜牧业和家畜利用进入了一个新的发展阶段。此时役畜和肉畜都得到重视，因此人们也注意家畜质量的选择。《礼记·檀弓》说："夏后氏尚黑，……戎事乘骊，牲用玄；殷人尚白，……戎事乘翰，牲用白；周人尚赤，……戎事乘騵，牲用骍。"这表明上古三代对驾车用的军马和祭祀的牺牲已讲究毛色的选择。为了养好家畜，当时人们在管理畜群、修棚盖圈、减少家畜伤亡等方面也有不少创造。从事放牧的奴隶称圉人、牛牧，奴隶头目称牧正，有的牧正后来成了奴隶主的仆从，到封建社会时代还有升到九卿爵位的。由于畜牧生产的发展，春秋、战国时期家畜已成为民间重要的食物来源。如《孟子·尽心》就说过："五母鸡，二母彘，无失其时，老者足以无失肉矣。"越国的范蠡曾对鲁国穷士猗顿说："子欲速富，当畜五牸。"说明畜养母马、牛、羊、猪和驴，已成为当时致富的快捷方式。

进入封建社会以后，畜牧业管理的组织制度趋向完善，畜牧生产在国家经济和人民生活中的地位也日益提高。初期的畜牧业大体可分为国家所有、皇室所有和地主经营、小农经营四类。以后逐步有所变革，但在性质上仍可区别为官办和民间经营两大系统。国有和皇室所有原来不易区分。如太仆寺或群牧司一类中央马政机关主管国有牧场，但也兼管皇室牧场，饲养对象以马为主，同时也养其他家畜。秦汉时期，边疆地区畜牧业尤为发达。据《史记·货殖列传》记载，秦国乌氏倮畜牧边郡，其所养牛马之多，要用山谷来计数。秦始皇因此赐他为封君。当时凡牧马200匹，养牛、羊、猪多达1000者，比作千户侯。为了丰富家畜种类和改良家畜质量，汉代已注意从西域引入驴、骡、骆驼以及马、牛、羊良种。北魏和北齐的太仆寺内设有驼牛署和牛羊署，北魏在西北养马 200 多万匹，骆驼约百万头，牛羊无数。

隋唐时期对官办畜牧业的组织管理又有加强。当时在太仆寺下设典牧署，掌理牛羊和乳肉等产品，同时也管理家畜饲养，许多牧监（养马场古称）并繁殖其他家畜。唐代对牧监畜群的增殖、保护等还制定法律，作为奖惩准则。《唐律》中对诸牧各种家畜每年的死耗率和母畜的繁殖率等，都有详细规定。天宝年间，王侯将相及外戚纷纷牧养马、牛、驼、羊，各地牧场皆以封邑为号，盛极一时。

宋代以后，辽、金和元代都借马政组织系统，发展畜牧业，各种家畜的大牧群遍于草原，成为构成国力的主要资源。明代盛世也重视畜牧业的经营，设在京郊的上林苑监，由良牧署饲养种牛、羊和猪共达 5700 余头，蕃育署饲养种禽达 1.6 万余只，已是规模很大的种畜场。但国有草场大多被贵族豪强逐渐侵占。清朝近 300 年间，东北地区和内蒙古东部畜牧业仍受重视，国有牧场和皇室牧场被安置在塞外草原，巨大牧群交由蒙古族管理，而明末遗存的内地牧场则被废止。其结果是在辽阔的疆域内，逐渐形成牧区和农区两种不同的畜牧业形态：在广大牧区以牧养草食家畜为主；农区则在小农经济条件下任其自由发展，实际上是更多地注意耕畜、猪和家禽，畜禽饲养成为农村副业的一部分。

19 世纪中叶，海禁洞开以后，中国固有的优良家畜品种和毛皮工艺产品引起了外国的重视，一些猪和鸡的良种被介绍到海外，各式皮裘和地毡也纷纷出口。到 20 世纪 30 年代，以蛋类、生皮、羊毛和猪鬃为主的畜产品对外贸易，在出口总额中跃居首位，超过了传统出口物资丝、茶的出口额。但由于帝国主义的经济侵略，大量畜产品的输出并没有促进中国畜牧业的发展，相反有些原料在国外加工精制后，又作为高价商品输入而使国民经济蒙受损失。

为了使畜牧业获得振兴，早在 20 世纪初，已有人主张学习应用欧美各种新的技术。罗振玉就曾于 1900 年建议引入荷兰、瑞士乳牛，兴办牛乳业，以及进行马种改良，讲究牧草培育，引进来航鸡，奖励养鸡业等。也有人从军事角度，主张重视培养马政和兽医人才。到 20 世纪 20 年代以后，始在农科高等学校相继设立畜牧系和畜牧兽医系，并派人出国留学。30 年代，南京政府在实业部设渔牧司，军政部设马政司，但实际也少建树。1949 年中华人民共和国成立以后，畜牧业生产获得了前所未有的发展，生产技术水平和产品产量、质量都有显著的提高。

兽医学在中国的发展

中国兽医学在农业历史上对保障畜牧业的发展作出了很大的贡献，对其他一些国家的兽医学的发展也产生了很重要的影响。它的发展过程大体可以分为以下几个阶段：

起源阶段

中国兽医学的起源可以追溯到野生动物被驯化为家畜的时期。约在一万年以前，人类在开始发展畜牧业的同时，便开始了与家畜疾病的斗争。火、石器和骨器都曾被应用于战胜人畜的疾病，这些是温热疗法、针灸术以及其他外治方法的起源。内蒙古多伦县头道洼新石器遗址中出土的砭石，经鉴定就具有切割脓疡和针刺两种性能。中国最早的药物以植物为主。一般认为兽医药物是在人体用药的基础上，加上对动物的直接观察而开始被应用的。中国在原始社会已出现家畜圈养。如陕西半坡和姜寨遗址（属于仰韶文化）都发现有用细木柱围成的圈栏，里面堆积有很厚的畜粪。这不仅标志着中国的畜牧业已进入了一个新的发展阶段，而且说明了当时也已经有了一定的关于家畜卫生防护的知识。

早期发展阶段

中国兽医技术的早期发展与马以及猪、羊等家畜日受重视是有关系的。殷商时代因马已经用于拉车和骑射而开始注意马病。当时猪圈、羊牢、马厩的出现，反映了家畜护养技术的进步。周代，人们就已认识到经过阉割的猪，性情温顺。《周礼》中有关于"攻驹"和"攻特"的记载，即是指给马和牛做阉割手术。我们现在在动物养殖过程中使用的阉割术，手术简便，安全可靠，久已闻名于世。而据有关专家的研究，这种技术最早也是见于商代甲骨文中，至今已有3000多年的历史。

从西周到春秋，中国兽医学有了进一步的发展。据《周礼·天官》记载，西周时已设有专职兽医诊治"兽病"和"兽疡"，并已经开始采用灌药、手术及护养等综合医疗措施了。

奠定基础阶段

战国到秦、汉，是中国兽医学奠定基础的重要阶段。战国时期出现了专门诊治马病的马医。有关家畜疾病的记载也更多了，如"牛疡"、"羸牛"（指瘦弱牛）、"马肘溃"、"马膝折"等均有出现。《晏子春秋》中还有马中暑的记述，说："大暑而疾驰，甚（重）者马死，薄（轻）者马伤。"《庄子》记载有"络马首、穿牛鼻"，说明当时已经有了穿牛鼻绳的技术。这一时期对兽医学的发展具有奠基意义的是《黄帝内经》一书的问世，也为中国兽医学提供了基本的理论指导原则。

中国古人很早就将杂交优势用于动物生产了。先秦时代，中国北方少数民族地区的游牧民族就利用马驴杂交产生杂种后代骡和驴骡，并开始输入内地。秦汉统一以后，随着内地与西北边疆少数民族地区联系的日益加强，原产于西北地区的驴骡大量引进到了中原地区，促进了内地驴骡业的发展和对驴马杂交优势认识的提高。

学术体系形成阶段

汉代以后，中国兽医学在前阶段发展的基础上逐渐形成了一定的体系。晋代名医葛洪在他所写的《肘后备急方》中提出了治六畜的多种病方，其中有关于马驴的十几种病的疗法，如用黄丹术治"脊疮"，用灸熨术治"马羯骨胀"，用"直肠入手"技术治"胞转"，并指出疥癣有虫等。北魏贾思勰所著《齐民要术》一书中的畜牧兽医专卷，载有家畜 26 种疾病的 48 种疗法，其中包括掏结术、削蹄法（治漏蹄）、猪羊的阉割术以及关于家畜群发病的防治隔离措施等，反映出当时的兽医技术已经达到了较高的水平。

中国的兽医教育开始于唐代。唐神龙年间太仆寺中有"兽医六百人，兽医博士四人，学生一百人"。唐贞元时，日本兽医平仲国等到中国留学。约在唐开成年间编著的《司牧安骥集》，对于中国兽医学的理论及诊疗技术有比较系统的论述，也是中国最早的一部兽医教科书。为保障畜牧业的发展，唐代还制定了有关畜牧兽医的法规，如唐律规定"诸乘官畜产，而脊破领穿、疮三寸，笞二十"。

宋元时期，中国兽医学又有了进一步的创新和提高。宋代曾设置"收养上下监，以养疗京城诸坊、监病马"；并规定"凡收养病马……取病浅者送上监，深者送下监，分十槽医疗之"，这是中国兽医院的开端。以后又规定将有"耗失"的病马送"皮剥所"。"皮剥所"可说是中国最早的家畜尸体剖检机构。宋代还出现了中国最早的兽医药房，如元《文献通考》载有"宋之群牧司有药蜜库……掌受糖蜜药物，以供马医之用"。当时由于印刷术的改进和造纸业的发达，兽医学著作也更为繁荣。见载于《宋史·艺文志》的就有《伯乐针经》、《安骥集》、《明堂灸马经》、《相马病经》、《疗驼经》、《师旷禽经》等。此外，王愈撰《蕃牧纂验方》，载方 57 个，并附针法。至元代，兽医卞宝（卞管勾）著有《痊骥通玄论》，其中"三十九论"、"四十六说"，对家畜脏腑病理及一些常见的多发病（尤其是结症及跛行等）的诊疗，进行了总结性的论述。

衰落阶段

宋、元以后，中国兽医学由繁盛逐渐走向了衰落。但明代在兽医教育和兽医学著作方面还是有所建树的。明政府曾几次培训基层兽医，如英宗时规定"每群长（管马 25 匹，以后增为 50 匹）下，选聪明子弟二三人学习兽医，看治马病"。著名兽医喻本元、喻本亨编著的《元亨疗马集》，理法方药俱备，内容丰富多彩，是国内外流传最广的一部兽医学代表著作。此外，有关马、牛疾病的医书也出现过不少。明代李时珍编著的《本草纲目》，也为兽医提供了极其丰富的医药知识。至清代，兽医学的发展就极为缓慢。虽有著述，但主要是对《元亨疗马集》一书进行的改编、选辑和充实，如 1736 年李玉书曾对《元亨疗马集》进行了增删，1800 年傅述风进一步补充了《元亨疗马集》所附《牛经》中的不足等。鸦片战争以后，民间对中国传统兽医技术仍有所整理和总结，如李南晖编著的《活兽慈舟》一书（1873 年）对黄牛、水牛、猪、马、羊、犬、猫等家畜的 240 种病症均有论述，并收载方剂（包括单方）700 多个；《猪经大全》（1891 年）有 48 种猪病的疗法，并附病状图，后成为传统兽医学中唯一被保存下来的猪病学专著。但总的说来，随着中国社会的半封建、半殖民地化，兽医学的发展陷入了困境，传统兽医学尤其受到歧视而甚少进展。

1949 年中华人民共和国成立以后，中国兽医学停滞落后的局面得以根本改观，从此逐渐进入了中西兽医结合、取长补短、相互促进、共同发展的新阶段。

《诗经》时代的农业

　　夏王朝的中心活动地区主要在黄河中下游伊、洛、济等河流冲积的黄土地带及河济平原上，这里是适合于农业生产的地方。相传禹臣仪狄开始造酒，而秫酒（糯米酒）是少康开始制造的。用粮食酿酒，说明农业生产有了较大发展。

　　商代自盘庚迁殷后，农业已成为重要的社会生产部门。有人做过统计：经过整理的殷墟出土甲骨片，与农业有关的有四五千片之多，其中又以占卜年成丰歉的为最多。占卜畜牧的卜辞很少，而卜黍、稷"年"和其他"受禾"、"受年"的卜辞合计却有 200 条左右，说明农业的重要性超过了畜牧业。

　　《诗经》是现存最早的一部诗歌总集，其中有十多篇专门描述农业生产的诗篇，充分反映了当时农业的状况。《豳风·七月》就是一首完整的农事诗。诗中叙述了每月所从事的农务、女红及采集、狩猎等事项。其他诸如《周颂·臣工》、《大雅·生民》、《大雅·绵》、《小雅·甫田》等也都能反映当时农业生产的情况。

　　《诗经》中所载粮食作物的名称有 21 个，但多同物异名或同一作物的不同品种，归纳起来，它们所代表的粮食作物只有六七种，即粟、黍、菽、麦、稻和麻。在这些作物中，粟和黍最为重要。从原始时代到商周，它们是黄河流域并且也是全国最主要的粮食作物。尤其是粟，种植广泛。粟的别名稷，用以称呼农官和农神，而"社稷"则成为国家的代称。

西周时代，开始进入休闲耕作制。《诗经》及《周易》中有菑、新、畬的记载。《尔雅·释地》："田，一岁曰菑，二岁曰新田，三岁曰畬"。菑田，指休闲田，任其长草；新田是为休闲之后重新耕种之田；畬田则是耕种之后第二年的田，田中已长草，但经过除草之后，仍可种植。菑、新、畬记载的出现，表明以三年为一周期的休闲耕作制度已经出现，是农业技术进步的一个标志。

夏商西周时期，农业生产技术的一个重大进步便是垄作的出现。北方地区的自然条件虽然是以干旱为主，但夏季作物生长高峰时期出现的集中降雨也会导致洪涝。垄作最初主要是与排涝有关。垄，时称为"亩"，《诗经》中有所谓"乃疆乃理，乃宣乃亩"，也就是平整土地，划定疆界，开沟起垄，宣泄雨水的意思。当时人们在进行这两项工作的时候，非常注意地势高低和水流走向，于是要求"自西徂东"，"南东其亩"，目的就在于排涝。

垄作的出现虽然是与排涝有关，但却对后来农业技术，如抗旱保墒的代田法等的出现产生了重大的影响，而且也影响着栽培技术的进步。《诗经·大雅·生民》中有"禾役穟穟"之语，"禾役"指禾苗的行列，表明当时分行栽培技术已出现。分行栽培的出现又为除草和培土提供了便利的条件。

原始的刀耕火种只能清除播种之前的杂草，但在播种之后，有些杂草又随作物一同长出，有些杂草不仅辨认困难，且清除起来也要比播种之前困难得多。所以说，商代卜辞中已有耨草的记载，到西周时期，有关中耕除草的记载就越来越多了。《诗经·小雅·甫田》："今适南亩，或耘或耔，黍稷薿薿。"耘，即中耕除草；耔，即培土；薿薿，则是生长茂盛的样子。这表明当时人们已认识到，经过中耕、除草和培土，作物就可以生长茂盛。耘在周代，又称为"麃"或"穮"。《诗·周颂·载芟》："厌厌其苗，绵绵其麃。"麃，即耘田锄草的意思,《说文》:"穮,耕禾间也。从禾,麃声。"也就是今天所说的中耕。中耕除草,已成为一项经常性的农活。《左传·昭公元年》:"譬如农夫,是穮是蓘。"当时田间杂草主要有荼、蓼、莠、稂等,而后二者又是其中为害最烈者。《诗经》中有"维莠骄骄"、"维莠桀桀"的描写。莠,即谷莠子,亦叫狗尾巴草;稂,即狼尾巴草,是谷田或黍田内的伴生杂草。

在除草的同时,那个时代还开始了治虫。《诗经》中则有治虫的方法,《诗经·小雅·大田》:"去其螟螣,及其蟊贼,无害我田稺,田祖有神,秉畀炎火。"螟、螣、蟊、贼分别是就其为害作物的部位而言,对害虫所做的分类。食心曰螟,食叶曰螣,食根曰蟊,食节曰贼。这也是中国古代最早的农作物害虫分类。从"秉畀炎火"一句来看,当时人们已经利用某些害虫的趋光性以火治虫,唐代姚崇说:"秉畀炎火者,捕蝗之术也。"朱熹《诗集传》说:"姚崇遣使捕蝗,引此为让,夜中设火,火边挖坑:且焚且瘗。盖古之遗法如此。"这说明以火光诱杀害虫的技术在3000年前的西周时代已经萌芽了。

夏、商、西周时期,畜牧兽医技术较之于新石器时代有了很大的提高。由于种植业的发展,放牧已受到一定程度的限制,于是对于牲畜的饲养管理,在采用放牧的同时,圈养已很普遍。甲骨文中有反映圈养的文字,而《诗经》中更有不少关于圈养的记载,如"执豕于牢","乘马在厩"等。为适应圈养的需要,在商代出现了割草作饲料的饲料生产。但商周时期,最通行的做法可能还是圈养与放牧相结合。

商周时期,家畜的繁育技术也已出现,特别是对于马的繁育技术有一套较为成熟的做法。《夏小正》中有五月"颁马"的记载,就是指别马雌雄,分群放牧。这样做是为了防止乱交、保护孕畜和便于控制牲畜交配与生育季节。《周礼·牧师》提到了"中春通淫",这就是说,马匹平时是分群放牧的,至仲春之月则合群配种,配种之后再"颁马",分群放牧。母马春季配种,次年生产后,正值天气转暖,对养育幼马是有利的。为了适合马配种繁殖的需要，提出了牝马牡马的比率。《周礼·校人》："凡马，特居四之一。"郑玄注引郑众的解释是："四之一者，三牝一牡。"这样能使母马不空怀，提高产驹率。为了保持这一比率，对于不适于作种马的雄马采取去势（"攻特"）的办法，以改良马的品种，提高配种质量。对于留作种马的公马，《周礼》中还有"佚特"一项。"特"是留作种马用的公马，佚通逸，"佚特"就是使种马逸而不劳，保证其充沛的精力。对于怀孕的母马和生下不久的幼马则有"执驹"一说。这些反映出当时的畜牧技术已经达到相当高的水平。

从《诗经》的记载中可以看出夏、商、西周时期，农牧业生产有较大的进步。到周代，谷物种植业已发展成为社会经济中最重要的生产部门。相比之下，畜牧业在社会经济中的比重下降了，采集狩猎活动则已完全成为农业经济的补充，农业得到了很大的发展。

春秋战国时的重农思想

春秋战国时期，诸侯争霸，战争纷起，人们对于农业生产的重要性有了更进一步的认识。当时的思想家都对农业的重要性提出了自己的看法，其中管仲的说法最有代表性。管仲不仅有"仓廪实则知礼节，衣食足则知荣辱"这样的名句，更把农业生产与国强民富联系起来，提出："错国于不倾之地者，授有德也；积于不涸之仓者，务五谷也；藏于不竭之府者，养桑麻育六畜也……务五谷则食足，养桑麻育六畜则民富。"他还告诫统治者，"凡有地牧民者，务在四时，守在仓廪"。基于此种认识，一些诸侯国提出了"耕战"的口号，并通过鼓励农民发展农业生产，多打粮食，支援战争。这其中秦国的做法最为成功。史载："秦孝公用商君，坏井田，开阡陌，急耕战之赏。虽非古道，犹以务本之故，倾邻国而雄诸侯。"秦国的胜利，实际上是农业的胜利。

在一些诸侯国积极致力于鼓励农民进行耕战的同时，一些思想家也都从不同的立场提出了自己关于农业问题的看法。《汉书·艺文志》说：农家者流，盖出自农稷之官。播百谷，劝耕桑，以足衣食，故八政一曰食，二曰货。孔子曰："所重民食，此其所长也。及鄙者为之，以为无所事圣王，欲使君臣并耕，悖上下之序。"

从中可以看出，先秦农家可以分为两派：一派其学说的内容带有

"官方农学"的色彩；另一派学说则带有"鄙者农学"或"平民农学"的色彩。无论是带有"官方农学"色彩的农家，还是带有"鄙者农学"色彩的农家，其学说均应包括两个方面，一方面是关于社会政治的主张，另一方面是关于农业科学技术的知识。

《汉书·艺文志》所载农家的著作共9种，其中《神农》20篇和《野老》17篇。前者为"诸子疾时，怠于农业，道耕农事，托之神农"。后者据东汉人应劭所说是"年老居田野，相民耕种，故号野老"。而这些作品现都已失传。保存至今的属于先秦时期的农学文献，仅有被《汉书·艺文志》列为"杂家类"的《吕氏春秋》中的《上农》、《任地》、《辩土》、《审时》四篇。

《上农》阐述农业生产的重要性，以及鼓励农桑的政策和措施。《任地》等三篇是先秦文献中讲述农业科技最为集中和最为深入的文章，论述了从耕地、整地、播种、定苗、中耕除草、收获以及农时等一整套具体的农业技术和原则，内容十分丰富。其中《任地》带有总论的性质，《辩土》和《审时》带有分论的性质。《任地》提出了农业生产中的十大问题和土地利用的总原则，即所谓"耕之大方"，还论述掌握农时的重要性和方法。《辩土》主要是谈耕作栽培技术方法的，即所谓"耕道"。首先谈"辩土"而耕的一些原则；接着谈耕作栽培中要防止"三盗"，即地窃、苗窃和草窃，系言不合理畦亩结构的危害；以后依次谈播种和中耕的技术原则。《审时》主要论述掌握农时的重要性。

春秋、战国时期，铁农具开始广泛使用，与此同时，牛耕也已出现，这些都为农业生产实现精耕细作准备了条件。到了战国时期，深耕得到广泛提倡。深耕，要求"其深殖之度，阴土必得"，这样做可使耕过的土地"大草不生，又无螟蜮，今兹美禾，来兹美麦"。除了对深的要求外，《任地》还提出，根据土壤自身的状况，进行耕作调整的总原则和一些具体的原则。《任地》云："凡耕之大方：力者欲柔，柔者欲力；息者欲劳，劳者欲息；棘者欲肥，肥者欲棘；急者欲缓，缓者欲急；湿者欲燥，燥者欲湿。"这段话的大致意思是：刚硬的土壤要使它柔软些，柔软的土壤要使它刚硬些；休闲过的土地要开耕，耕作多年的土地要休闲；瘦瘠的土地要使它肥起来，过肥的土地要使它瘦一些；过于着实的土地要使它疏松一些，过于疏松的土地要使它着实一些；过于潮湿的土地要使它干爽些，过于干燥的土地要使它湿润些。这表明，春秋战国时期，在土壤耕作方面已积累了相当丰富的经验。

夏、商、西周时期，旨在排水防渍的垄作法已形成，时称为"亩"。春秋战国时期，垄亩法得以发展，成为畎亩法，着眼点除排水防涝之外，还有抗旱保墒。这就是《任地》提出的"上田弃亩，下田弃畎"。"上田弃亩"是说：在高田里，将作物种在沟里，而不种在垄上，这样就有利于抗旱保墒。"下田弃畎"是说，在低田里，作垄，把庄稼种在垄（亩）上，有利于排涝。

《吕氏春秋》提出农业生产要消灭"三盗"，其中之一便是要消灭"苗窃"，即消灭由于播种过密，又不分行而造成的苗欺苗，彼此相妨现象。消灭苗窃要从播种抓起，要"慎其种，勿使数，亦无使疏"，也就是说，播种量要适当，不要太密，也不要太稀，而且要因地制宜地确定播种密度。

耨，又称为耘，即中耕除草。战国时期，提出了易耨和熟耘的要求，还要求中耕除草做得迅速而细致。只有这样才能消除草窃。然而，中耕的意义还不仅在于此，因为古人在中耕的同时，还要进行间苗。《辩土》指出："苗，其弱也欲孤，其长也欲相与居（俱），其熟也欲相扶，是故三以为族，乃多粟。"从作物生长的动态上，指出了掌握合理密植的标准，即在苗期，苗间应相互孤立分离，使其有充分的生长余地；长大后，恰好使植株互相靠近，即相当于现代所谓的"封行"；到成熟时，植株因分蘖增多（三以为族），株间互相紧靠在一起，既可防止倒伏，又能最大限度地利用地力和阳光，从而保证获得最高的产量（乃多粟）。为了达到这个标准，于是有了间苗的出现，而间苗又主要是通过中耕除草进行的。"耨柄尺，此其度也，其耨（博）六寸，所以间稼也。"具体间苗时，还要"长其兄而去其弟"，即要求间去弱苗，因为"先生者美米，后生者为秕"。

农业生产的一大特点是强烈的季节性。孟子说："不违农时，谷不可胜食也。"《审时》则说："种禾不时，不折必稗，稼熟而不获，必遇天灾。""凡农之道，厚（候）之为宝。"书中依次论述了禾、黍、稻、麻、菽、麦六种从事播种得时、先时、后时对该种作物产量和质量的不同影响，最后从产量和质量的对比中，论证了"得时之稼兴，失时之稼约"的结论。这是针对播种期而言，实际上农业生产的每一个环节都有时间上的要求。以耕期而言，土质不同，耕作期也有先后，土质黏重的"垆土"，应当先耕，而土质疏松的"靭土"，即使耕得晚些，也还来得及。为了确定适耕期，《吕氏春秋》中还总结了看物候定耕期的经验，指出："冬至后五旬七日，菖始生，菖者，百草之先生者也，于是始耕。"这是以菖蒲出生这个物候特征，作为适耕期开始的标志。

甘薯的引进栽培

　　甘薯，又名番薯、朱薯、番薯蓣、金薯、红薯、白薯、红苕、地瓜等，至今各地名称不一。甘薯原产南美洲，是 16 世纪引入中国的主要杂粮作物，在中国已有 400 多年的栽培历史。甘薯是一种高产的救荒作物，适应性较强，在南方几乎一年四季均可栽培。其传入之初，就是福建受灾人民饥馑的时候。

　　据清乾隆年间出版的《福州府志》载："明万历甲午岁荒，巡抚金学曾从外番乞种归，教民种之，以当谷食。"据查，关于巡抚金学曾向外乞种之说，不确切。直接引进甘薯的应该是华侨陈振龙父子。当时，长乐县华侨商人陈振龙父子在菲律宾经商，发现土产甘薯，清甜可口，堪充粮食，便想移植国内。但是当时菲律宾的西班牙统治者，严禁薯种出境。陈氏想尽办法，把薯藤装在竹筒里，用一条细线系在船旁，放在海面上浮流，经过七昼夜航行，终于万历二十一年（1593）农历五月下旬抵达福州。陈振龙把薯藤带回福州后，即由其子陈经纶向巡抚衙呈报说，甘薯有"六益八利，功同五谷"，请大力推广，并且自己在南台沙帽池已试种成功。于是，福州市民也都开始试种。是时，适逢福建严重旱灾，稻谷歉收。故一经金学曾下令提倡，便普遍种植起甘薯，均获丰收，使福建人民安然度过了严重的旱灾。

甘薯传播的途径有三条：一条是在 16 世纪末，从吕宋（今菲律宾）传入福建漳州、泉州、莆田、福州一带；一条是 1582 年由安南（今越南）传入广东东莞等地；一条是由医生林怀兰从交趾（今越南）引入广东电白。经过十多年的努力，在广东、福建部分地区，甘薯普遍栽培开来。1608 年，江南受灾，徐光启倡导把甘薯引种于淞沪地区。在清初的一些文献中记载，康、雍、乾时期，在福建的一些地方，甘薯已与稻谷并列，成为人们主要的粮食作物了。从 18 世纪到 19 世纪，山东、河南、河北、陕西、江西、湖南、贵州、四川等地已广泛栽培甘薯，而后遍及全国。

甘薯最初由南向北传播时，因为气候上的差异，留种和藏种成为引种的关键。徐光启在其《农政全书》中总结了生产实践的经验，解决了这两个关键问题。关于留种的方法，徐光启指出："其一传卵，于九、十月间，掘薯卵，拣近根先生者，勿令伤损，用软草包之，挂通风处阴干。至春分后，依前法种。一传藤。八月中，拣近根老藤，剪取长七八寸，每七八条作一小束。耕地作垎。将藤束栽种如畦韭法。过一月余，即每条下生小卵如蒜头状。冬月畏寒，稍用草器盖，至来春分种。"他对保存种薯和种蔓的方法总结有三条：一是"霜降前，择于屋之东南，无西风有东日处，以稻草叠基。方广丈余，高二尺许；其上更叠四围，高二尺，而虚其中。方广二尺许，用稻草衬之，置种焉，复用稻草覆之。缚竹为架，笼罩其上，以支上覆也。上用稻草高垛覆之，度令不受风气雨雪，乃已"。二是"稻稳衬底一尺余，上加草灰盈尺，置种其中，复以灰秒厚覆之，上用稻草斜苫之，令极厚"。三是窖藏。这些经验的总结，为甘薯的向北推广解决了技术难题。

为了广泛推广，徐光启总结了"甘薯十三胜"进行宣传："一亩收数十石，一也；色白味甘，于诸土种中，特为夐绝，二也；益人与薯蓣同功，三也；遍地传生，剪茎作种，今岁一茎，次年便可种数百亩，四也；枝叶附地，随节作根，风雨不能损，五也；可当米谷，凶岁不能灾，六也；可充笾实，七也；可以酿酒，八也；干久收藏屑之，旋作饼饵，胜用饧蜜，九也；生熟皆可食，十也；用地少而利多，易于灌溉，十一也；春夏下种，初冬收入，枝叶极盛，草秽不容，其间但须壅土，勿用耘锄，无妨农耕，十二也；根在深土，食苗至尽，尚能复生，虫蝗无所奈何，十三也。"

生产方式和工具

    中国古代农业起步早，发展也比较快。中国古代的农业先是经历了刀耕火种的阶段，用木棒、骨或蚌器挖土、松土，用火烧去树木草莽，然后播种，所以古籍"烈山氏"的记载，应该是这一时期。后来改进为用石器锄耕，出现了石耒、石铲等工具。中国也是最早使用铁制农具的国家之一。汉代又使用牛力代替人力耕种，大大节省了人力，提高了生产效率，粮食产量也大幅度提高。

    中国一直是封闭的自给自足的小农经济。自从开始铁犁牛耕的农业生产方式以来，发展极为缓慢。即使到了近代，甚至 20 世纪中期，铁犁牛耕还是多数农村的主要生产方式。

    新中国成立后，现代农业生产方式才大规模在农业战线推广发展起来。从此以后，中国农业生产进入了崭新的时代。

原始的刀耕火种

刀耕火种，是新石器时代残留的一种农业经营方式，又称迁移农业，为原始生荒耕作制。先以石斧，后用铁斧砍伐地面上的树木等枯根朽茎，草木晒干后用火焚烧。经过火烧的土地变得松软，不翻地，利用地表草木灰作肥料，播种后不再施肥，一般种一年后易地而种。

刀耕火种是原始农业的耕作技术。这种耕作技术在近代一些少数民族中仍然保留了下来。中国长江流域在唐宋以前的很长历史时期里也都保留了这种耕作方式，称为"畲田"。宋人范成大在《劳畲耕并序》中提到："畲田，峡中刀耕火种之地也。春初斫山，众木尽蹶。至当种时，伺有雨候，则前一夕火之，借其灰以粪。明日雨作，乘热土下种，即苗盛倍收。无雨反是，山多硗确，地力薄则一再斫烧，始可艺。春种麦、豆作饼饵以度夏。秋则粟熟矣。"薛梦符在《杜诗分类集注》卷七中对于畲田有如此的解释，其曰："荆楚多畲田，先纵火炀炉，候经雨下种，历三岁，土脉竭，不可复树艺，但生草木，复炀旁山。畲田，烧榛种田也。尔雅一岁曰菑，二岁曰新，三岁曰畲。易曰不菑畲。皆音余。余田凡三岁，不可复种，盖取余之意也。炀音饩，爇火烧草也。炉音户，火烧山界也。"可见，所谓"刀耕火种"就是山民在初春时期，先将山间树木砍倒，然后在春雨来临前的一天晚上，放火烧光，用作肥料，第二天乘土热下种，以后不做任何田间管理就等收获了。一般是二三年之后，土肥就已枯竭，不能再种植了，而不得不另行开辟新地。

根据考古出土的一些实物来看，原始农业使用的工具主要有石刀、石斧之类，这些都是用来砍伐树木的。人们在进行刀耕火种的时候，首先所要面临的就是土地的选择。从中国南方从事刀耕火种的少数民族的情况来看，初期原始农业的土地都选择林地，草地的开发是后来的事情。据独龙族、怒族和佤族老人的追述，他们的祖先在使用石斧、竹刀进行耕种时，对大规模的原始森林无能为力，当时选择土地一般不是草地，而是选择森林的边沿、隙地或林木比较稀疏的林地进行砍种，这种说法在新安寨的苦聪人中得到证实。苦聪人在定居（20世纪50年代）前刚刚由采集经济向农业经济过渡，铁器虽已传进，但数量极少，仍以木质工具为主，他们就是选择在森林边缘或树林比较稀疏的地方耕种的。

虽然草地的地上部分植被容易处理，但没有翻土工具的原始农人，却难以清除其纵横交错的地下根茎，而且草地不能提供足够的灰烬。这都对作物的生长极其不利。在斧斤还没有大量使用的洪荒时代，即使是林间隙地或边缘地带，也有较厚的腐殖黑土，人们又可以把灌木和小树砍倒，甚至可以把周围的枯枝败叶扒过来，晒干焚烧后再作肥料。这就决定了人们得选择林地而不是草地去作为耕地。

根据中国南方从事刀耕火种的少数民族的经验，选择林地主要是依据林木的长势和种类，而不是土壤的质地。他们对于土壤的知识相当贫乏，但却能十分细致地区分各种不同的林地，并且懂得因地制宜地利用它们。他们较早地注意到地形的因素，懂得选择较平缓的，两面稍高、中间稍低、略成槽形的，或光照较长的地段，但很少注意土壤本身的因素，而上述地段一般也是水肥比较集中、林木比较丰茂的地方。他们选择土地时也看"黑土层"的厚度，然而，所谓黑土层乃是树林里枯草败叶腐烂后堆积起来的疏松而发黑的土层，所以关键仍然是林木的丰茂。

　　什么地种什么庄稼是根据树木，而不是根据土壤来判断的。如在独龙族地区，人们把林地划分为木林地、竹林地和竹木混合林地。在木林地中，生长"斯雷"和"斯莫"树的，宜种荞麦、小米和稗子；生长"尔芒"和"纠"树的，宜种玉米；在生长野生核桃树的地上种芋头最好；而竹木混合林又以种玉米和小米为佳。竹林地也按竹子种类分为"日久垮"、"久爪"和"格鲁"等。"格鲁"是一种竿子细小的竹子，不如前两种竹林地砍烧后庄稼长得好，一般不为人们所重视。他们又发现竹林地种黄豆后竹子长得不好。根据怒族人的经验，最适宜做耕地的是生长水冬瓜树、"色达"树、小板栗树的林地。这些树生长迅速、枝繁叶茂，燃烧后灰烬多，并且生长"色达"树和小板栗树的林地以种旱稻最佳，长"色达"树、水冬瓜树的林地以种玉米为宜，撒种天雄米（苋菜）也好。苦聪人则认为，生长"宾尼"、"怕楼"、"洋榆木"、"爱沙泥"、"素并"、"必卡"等树木的林地最适合种庄稼，而生长"厄努"、"木浆水"、"扎八克扎喀"等树木的林地，庄稼长不好。由此可见，区分不同的林地和树种，是从事刀耕火种的民族择地的主要依据。这种经验一直保留在传统农业之中。《师旷占术》曰："杏多实，不虫者，来年秋禾善。五木者，五谷之先；欲知五谷，但视五木。择其木盛者，来年多种之，万不失一也。"《杂阴阳书》则将"五谷"和"五木"一一对应起来，有所谓：禾生于枣或杨，黍生于榆，大豆生于槐，小豆生于李，麻生于杨或荆，大麦生于杏，小麦生于桃，稻生于柳或杨。

　　最典型的刀耕火种形态被称之为"无轮作轮歇类型"，一块地只种一季就抛荒休闲，休闲期长达 10 年左右，这种类型的地被很多民族称为"懒活地"，意思是不需要怎么费劲儿，就可以获得收成，所以是各个民族的首选。只是在人口增加、土地不够的情况下，才会出现"轮作轮歇类型"。刀耕火种并不是在原始森林里漫无目的地放火烧荒，而是有着长时段的精心规划。所以这种农业方式还要有相关的社会制度予以保证。比如，他们会以村寨为单位，把全村的懒活地分成十份，这样才能一年种一份，十年一轮回。在正常情况下，所烧的也不是原始森林，而是他们的"地"。山民们在当值的山地砍树、烧荒、播种、收获，每项工序都有传统的规则。比如烧火前要清理防火道，专人把守，以免山火越界。砍树时大树留桩，小树留根，以便来年春风吹又生。

刀耕火种并非是由于愚昧无知，恰恰是人们对于其所生存的自然有着深厚的"知"。中国依然拥有传统尚存的地区。作为一个国家，必须保护这些传统。这些依然存活的文化遗产不仅是我们今天的财富，它们对于人类未来的价值，也远远超出我们的想象。

精耕细作

铁器和牛耕的使用与普及为中国传统农业走上精耕细作的道路奠定了坚实的基础。春秋战国以后，先是中国北方旱地农业出现了耕耨相结合的耕作体系，而到了魏晋时期，随着耙的出现，标志着以"耕—耙—耱—锄"为核心的北方旱地抗旱保墒耕作技术体系的最终形成。而与此同时，随着北方人口的大量南迁，中国经济重心的逐渐南移，南方的水田农业也开始摆脱原来的"火耕水耨"的原始状态，到唐宋时期，走上了精耕细作的道路。

旱田耕作技术

畎亩法

北方抗旱耕作以蓄墒保墒为中心。最早出现的一种抗旱耕作法可能是畎亩法。畎亩法，由畎和亩两部分组成。畎是沟，亩是垄，畎亩法也就是一种垄作法。这种耕作法对于土地的利用包括"上田弃亩，下田弃畎"两种方式。

它的特点是：在高田里，将作物种在沟里，而不种在垄上，这叫做"上田弃亩"。在低田里，将作物种在垄上，而不种在沟内，这就叫"下田弃畎"。高田种沟不种垄，有利于抗旱保墒；低田种垄不种沟，有利于排水防涝，且有利于通风透光。抗旱主要体现在"上田弃亩"之中。西汉的代田法便将"上田弃亩"的抗旱原理发扬光大。

代田法

代田法是西汉中期农学家赵过所发明并推广的一种耕作方法。在面积为一亩的长条形土地上，开三条一尺宽、一尺深的沟（畎），沟的位置每年都有轮换，因此称为"代田"。将种子播种于沟中，等到苗发芽长叶以后，便在中耕除草的同时，将沟两边的垄土耙下来埋在作物的根部，这样便能起到防风抗倒伏和抗旱的作用。代田法是由畎亩法发展而来的，它的基本结构也是由亩和畎组成的。

它在技术上有以下的特点：一是沟垄相间。种子播种在沟中，待出苗后，结合中耕除草将垄土壅苗（平垄）。其作用是防风抗倒伏和保墒抗旱，实际上体现了畎亩法中"上田弃亩"的原则。二是沟垄互换。垄和沟的位置逐年轮换，今年的垄，明年变为沟；今年的沟，明年变为垄，这也就是代田法名称之由来，起到轮番利用与休闲的作用。代田法每年都要整地开沟起垄，等到出苗以后，又要通过中耕除草来平垄，将垄上之土填回到垄沟，起到抗旱保墒抗倒伏的作用。由于代田法的这些特点，加之一系列与之相配套的农器，如楼车、耦犁等，使得代田法确实取得了好的效果，单位面积总产量得以提高，和没有实行代田的平作田（当时称为缦田）相比，亩产量常常要超过一斛以上，好的时候甚至还要加倍，确实起到了"用力少而得谷多"的好效果。

区种法

汉代除了代田法外还有一种抗旱高产的栽培技术方法，这就是区种法，又称区田法。区种有两种形式，一种是宽幅区种法，一种是小方形区种法。宽幅区田系由町、道、沟三部分组成，町为长条形田块，町与町之间为人行道。町上作沟，沟与町宽平行，庄稼就种在沟中。小方形区种法，则根据土壤肥力的不同，区的大小、区间的距离、每亩的区数，而有一定的区别。

区种法有几个特点。一是作区深耕。"区田不耕旁地，庶尽地力。"就是说，区田在土壤耕作上的特点是深耕作区，区内深耕，不耕区外的土地，以充分挖掘区内土地的增产潜力。二是等距点播。宽幅区田所种作物的行距、株距都有一定的规格，呈等距点播形式；方形区田，区的大小、区间距离、每区的株数也都有一定的规格，因而也呈等距穴播状态，可以保证作物有良好的通风透光条件。三是集中管理。施肥、灌溉，以及中耕除草都在区内进行，便于充分发挥人力和物力的作用，同时等距点播也便于区内操作。四是抗蚀保土。由于区田不耕旁地，只是着眼于区内深耕，起到保持水土的作用。这特点使得"诸山陵、近邑高危、倾阪及丘城上，皆可为区田"。

耕—耙—耱

上面所述可以看出，不论是畎亩法、代田法，还是区种法，也不论是垄作法还是平作法，都必须面临如何减少土壤水分的散失，以及如何解决翻耕后平整地面和破碎土块等问题。汉代采用的是耕耱结合的方法，即在翻耕后用"耱"来耱平地面和耱碎土块，以减少土壤水分的散失。魏晋时期，则在耕耱之间又加上了"耙"，形成了耕、耙、耱三位一体的旱地耕作技术体系。旱作技术体系的形成，是中国农学最伟大的成就之一。中国历史上虽然有较为发达的水利事业，但却长期滞后于农业的发展，加上自然方面的原因，使得干旱成为中国农业发展最大的不利因素。抗旱耕作技术是中国农业乃至中华文明在长达数千年的时间里得以持续发展的原因之一。

水田耕作技术

南方水田耕作技术体系主要包括以耕、耙、耖为主要技术环节的整地技术，以培育壮秧为核心的水稻移栽技术和以耘田烤田为主的田间管理技术。

曲辕犁的出现解决了南方水田面积较小，耕作起来回转不便的问题。但仅仅有曲辕犁还是不够的。比如水稻在水中生长，水层的深浅对水稻的生长会产生很大的影响，所以要求田面平整，只有这样才能保持水深浅一致。而每块稻田面积偏小，除了自然原因以外，还在于小块稻田便于平整。为了平整田面，宋代普遍采用了一种水田特有的农具"耖"。耖的出现，标志着南方水田整地技术的形成。唐宋以后，稻作生产中普遍采用了移栽技术，与之相适应的育秧技术也已形成。宋代出现的秧马则是专门为插秧而设计制造出来的农具。传统插秧技术至少在元代已经定型。水稻田间管理主要包括耘田和烤田两项。耘田和烤田在北魏贾思勰《齐民要术》中就已出现。宋代耘田、烤田技术得到了进一步的发展。宋代人们认识到，耘田的作用不仅在于除草，还可以改善水稻生长环境，因此提出，"不问草的有无，必遍手排搪，务令稻根之旁，液液然而后已"。针对稻田所在地势高低不同的特点，还提出了"先于最上处收潴水，勿令走失。然后自下旋放令干而旋耘"的耘田方法。为适应耘田的需要，宋元时期还发明了耘爪，用竹管做成手掌形状，套在手指上，以避免手指直接与田土接触，减少损伤。除手耘之外，还有足耘，"为木杖如拐子，两手倚以用力，以趾塌拔泥上草秒，壅之苗根之下"。元代还创造了一种用耘荡耘田的方法。耘荡系一种用木板下钉有铁钉、上安有竹柄的工具，"耘田之际，农人执之，推荡禾垄间草泥，使之溷溺，则田可精熟，既胜耙锄，又代手足。所耘之田，日复兼倍"。耕荡耕田提高了工作效率，还大大减轻了劳动强度。至此，中国传统的水稻耘田方法已经完备。宋元时期所用的耘田方法一直沿用至今。烤田主要是结合耘田进行。烤田虽然以前就已出现，但方法比较简单，不过是"决去水"、"暴晒"而已，宋代采取了在田中开挖水沟进行烤田的方法。这种办法可以防止因简单的决水所致的肥水外流。

中国古代劳动人民的智慧让世人惊叹，他们根据天时地利创造了丰富的耕作技术，为后人留下了宝贵的财富。

中国古老的耕作方法
——垄作

垄作是一种在高于地面的土上栽种作物的耕作方式，是中国古老的耕作方法。秦汉至魏晋南北朝时期，随着牛耕和铁犁的逐渐推广，特别是有壁犁的应用，以及配套整地工具耙耱的创始，使中国的土壤耕作进入了垄作与平作并行的阶段。

垄是由高凸的垄台和低凹的垄沟组成的，呈波浪起伏状。垄作与平作相比有很多优点。垄台土层厚，土壤空隙度大，不易板结，有利于作物根系的生长。垄作地表面积比平地增加20%～30%，使土壤受光面积增大，吸热散热快；昼间土温可比平地增高2～3℃，夜间散热快，土温低于平地。由于昼夜温差大，有利于光合产物的积累。垄台与垄沟的位差大，大雨过后有利于排水防涝，干旱时可顺沟灌溉以免受旱。种植薯类时因垄作的土壤含水量少于平作，有利于薯块的膨大。垄台能阻挡风和降低风的速度，可减少风蚀。植株基部培土较高，可防倒伏。有利于集中施肥，可以节约肥料。

筑垄的高低、垄距、垄向因作物种类、土质、气候条件和地势等因素而异。垄的横断面近似等腰梯形。中国东北地区的方头垄，垄台高16～20厘米，垄距一般为60～70厘米。垄距过大，不能合理密植；垄距过小，则不耐干旱、涝害，而且易被冲刷。在甘薯栽培过程中有大垄、小垄之别。大垄一般垄台高30～36厘米，垄距80～100

厘米，应用较为普遍；小垄一般垄台高 18～24 厘米，垄距 66～85 厘米，适合于地势高、水肥条件差的地区。垄向应考虑光照、耕作方便和有利排水、灌溉等各方面的要求，一般取南北向。中国西北、东北和沿海地区，垄向多与风向垂直，这样可以减少风害。高坡地垄向与斜坡垂直和沿等高线作垄，可以防止水土的流失。

作垄的方法有以下几种：一是整地后起垄。优点是土壤松碎，播种或栽种方便。二是不整地直接起垄。优点是垄土内粗外细，孔隙多，熟土在内，生土在外，有利于风化。三是山坡地等高作垄。优点是能增加土层深度，增强旱薄地蓄水保肥的能力。

垄作制在中国东北地区农业生产中占主导地位，许多人，甚至久居东北的人也认为垄作制是东北地区土生土长的耕作方法。其实不然，垄作制的故乡并不在东北，而是在中国河南、陕西、甘肃一带，华北四省也有运用，是华北的农民把垄作技术带入东北地区的。垄作是中国古老的耕作方法，是伴随中国氏族社会农业而出现的，几乎和中国农业历史一样长。它的初始农具耒耜虽然古老，但其深奥的工作部件和垄作农艺的机理，使之一直沿用到现代。20 世纪 30 年代日本学者村野信夫研究中国东北垄作制 20 多年，仍难以捉摸。他说"中国的农学是家学，其机理虽深奥，但未向世界公布"。现在除中国东北三省，西北和华北坡耕地仍然运用垄作外，四川省水田、旱田采用垄作制，覆膜或灌溉菜地大多也运用垄作。华北发明了冬小麦省水、省工和不生病的垄作技术。

垄作始见于西周，战国时期已经盛行于北方，气候冷凉、春季易旱、夏季易涝地区采用较为普遍。今中国华北、东北和内蒙古等地区多用于栽培玉米、高粱、甜菜等旱地作物，其他地区主要用于栽培甘薯、马铃薯等薯芋类的作物。

司马迁著《史记·五帝本纪》记载，舜帝派后稷负责农业。后稷家乡在陕西省武功县西南，他从小就喜爱种植农作物。后随大禹治理九州水患 13 年，因之他对农业旱涝的重视更加广泛和深入。传说后稷发明了垄作的耕作技术。

《诗经》中有多篇记述西周垄作的诗篇。如"大田"、"载芟"、"良耜"、"信南山"等篇，都指出在南北垄地播种。耒耜是最原始的农具，工作部件有三面坡度（土壤在坡面上依土壤的重力，把土壤抻开，土壤结构良好，因此无需耙地，省工）。

约公元前 770 年以后，左丘明著写的《左传》中写了一段历史。晋、鲁、卫、曹四国战败齐国，议和条件之一就是把齐国南北垄改为东西垄，齐国宁愿再战，也不肯改变垄向。这也说明东周时垄作很普遍了。

记载后稷垄作技术较详细的是成书于约公元前 239 年的《吕氏春秋》。其中有三篇被认为是中国最早的农业论文，即《任地》、《辩土》和《审时》。三篇各 500 字左右。《任地》提出为什么要垄作，怎样用耒耜做垄。《辩土》强调了垄的形状和规格。《审时》回答十问中的后四问并说明抓住农时的重要性。《吕氏春秋》撰写论文的时间距后稷时代已经有 20 多个世纪。能把后稷开创的垄作写得真切，也说明战国时期运用垄作还是较为普遍的。

班固著《汉书·食货志》记载，汉武帝时因天旱歉收，派搜粟都尉（农业技术推广官名）赵过，推广他的抗旱、省工省时而高产的"代田法"和相应新制造省工省力的耦犁和播种用的耧车。代田法即每年垄沟和垄台互换位置，每年都在新垄沟中播种。小苗生出本叶后，把垄台上下的杂草拔掉，把垄台上的土逐渐培到垄沟的小苗上。到了夏天，春播时的垄台到夏季就成为垄沟，而春播时的垄沟就成为垄台。中耕培土与倒换台沟作业，也是为次年沟播做好准备工作，一次作业完成，既防旱不倒伏，又用力少。

汉明帝时，班固著《汉书·食货志》明确指出"后稷始畎田，以二耜为耦"。用极简单的耒耜，插入有限的松土层，将几厘米平地松土，做出垄形，使垄上耕层厚度增加一倍，并使土壤形成两种土壤环境——垄台（背）和垄沟。这使农田具备了可选择性和灵活性。

这是一个伟大的创举，是后稷的智慧，是给后人极大的一份财富和厚礼。《汉书·食货志》也记载了赵过的代田法。

金代可借鉴的农书或史料较少，但在东北三省和北京房山、顺义出土的金代的犁铧、犁壁、蹚头与现时的垄作部件极相似。

由以上史料记载可以得知垄作技术源于中国，具有悠久的历史，是中国古老的耕作方法。

耦耕

耦耕为战国之前一种普遍实行的以两人协作为特征的耕作方法。当时因工具和技术较为落后,许多生产活动均非一人所能独立完成。清代学者程瑶田以为:"言耕者必言耦,以非耦不能善其耕也。耦之为言并也,共事并行,不可相无之谓耦。"这一说法符合战国以前的实际状况,但两人如何具体协作,目前因有关材料太少而难以弄清,故学术界对此一直有争论。

古书中早有关于耦耕的明确记载,如《诗经》中有西周时"千耦其耘","十千维耦"。《国语·吴语》说:"譬如农夫作耦,以刈杀四方之蓬蒿。"这些记载说明了耦耕在农田劳动中的重要性。《论语·微子》:"长沮、桀溺耦而耕",这是春秋末年尚保留有耦耕的一条确证。

《汉书·食货志》载,汉武帝末年赵过为搜粟都尉,推行代田法。与代田法相配合,"其耕耘下种田器皆有便巧……用耦犁,二牛三人"。所谓"耦犁",当指以二牛牵引为动力,以舌形大铧和犁壁为主要部件的框形犁。正如先秦时代称二人并耕为"耦耕"一样,汉代也把二牛拉犁称为"耦犁"。至于为什么要"二牛三人",根据民族志的材料分析,是因为耦犁发明之初,犁箭是固定的,从而犁辕与犁底之间的夹角也是固定的,不能起调节耕地深浅的作用,所以耕作时除了牵牛人和掌犁人外，还要有站在犁辕旁或坐在犁衡上以调节耕深的压辕人。后来发明了活动犁箭或功能相似的装置，耕牛也调教得更为驯熟，压辕人和牵牛人就可以省掉。因此，我们在东汉的牛耕图中看到，一般只要两牛两人或两牛一人就可以了。由此可见，耦犁是包括改进了的犁铧、与之相配合的犁壁、结构比较完整的犁架，以及双牲牵引等内容的一个完整的牛耕体系。耦犁既区别于人工操作的耒耜，也区别于亦耒亦犁、亦锸亦铧的古犁。它的出现，使中国的耕犁最终告别了耒耜，发展到了真犁，即正式犁的阶段。采取耦犁等农器大大提高了农业劳动生产率。

由于各种农田劳动都要求两人协作，因而在劳动以前就需要对劳动力加以组合。一般是在岁末由官吏来主其事，如《吕氏春秋·季冬纪》："命司农计耦耕事。"《周礼》中对此有更为具体的记述，如《地官·里宰》云："以岁时合耦于锄，以治稼穑，趋其耕耨。"郑玄注云："锄者，里宰治处也，若今街弹之室，于此合耦。使相佐助。"战国时因生产力水平的提高，田地被分割成百亩，由五口之家的小农去耕种，各家之间的互助协作已无必要，耦耕也随之不复存在。

耦耕是一个与农业科技和经济生产均有密切关系的重大问题。2000 多年来，关于耦耕之"耦"的解释，大约有七种，备受历代学者的关注。

一为二人二耜并耕说。汉代学者郑玄注《周礼·考工记》，认为古代的耦耕是两人各执一耜，共同耕作的方法。耦耕在二人二耜的相同前提下，形成另外两种不同耕作形式的解释，即唐代孔颖达《诗经·大田》提出的对耕说，以及唐代贾公彦《考工记疏》中提出的两人一前一后说。

二为二人一犁或二人二犁说。承培元《说文引经例证》和夏炘《学礼管释》认为，耦耕不是用耒、耜，而是用犁，其形式是二人合用一犁或二人并用二犁，且有耕牛牵引。

三为二人使犁说。陆懋德《中国发现之上古铜犁考》一文指出：

"二人同时工作，一人在后扶犁，一人在前拉犁，如此二人并耦，是谓之耦也。"此说把耜与犁混为一谈。

四为二人相对说。孙常叙《耒耜的起源和发展》一文主张，所谓耦耕，是二人相对，一人踏耒，一人拉耜。

五为二人配合说。农史专家万国鼎《耦耕考》一文提出，耦耕即一人掘地挖土，另一人旋即把土块打碎磨平，也就是一人耕一人耰，配合进行的耕作。

六为二人一耜说。何兹全在万国鼎《耦耕考》的基础上，撰成《谈耦耕卜文》，认为在木制耒耜时代，二人共踏一耜，一人以右脚踏耜上横木的右端，一人用左脚踏耜上横木的左端，这样，使耜平衡入土，不仅是可能的，而且是必要的。

七为耕作的经济形式说。汪宁生《耦耕新解》一文又提出新的看法，主张耦耕不是一种耕作方法，而是一种耕作的经济形式。农史专家李根蟠则在《耦耕纵横谈》中，不仅从技术上指出耦耕是二人二耒并耜的耕作方式，而且还把它置于当时的社会生产力与生产关系的条件下进行考察。

有关耦耕形式的解释和探讨还在进行，多方面、多角度展开研究，对于加深认识先秦社会经济，肯定是大有益处的。

适应北方旱作地区的耕作方法
——代田法

代田法是西汉赵过推行的一种适应北方旱作地区的耕作方法。由于在同一地块上作物种植的田垄隔年代换，所以被称作代田法。

汉武帝末年，为了增加农业生产，任赵过为搜粟都尉。赵过把关中农民创造的代田法加以总结推广，即把耕地分治成圳（同畎，田间小沟）和垄，圳垄相间，圳宽一尺（汉一尺约当今 0.23 米），深一尺，垄宽也是一尺。一亩定制宽六尺，适可容纳三圳三垄。种子播在圳底不受风吹，可以保墒，幼苗长在圳中，也可以得到较多的水分，生长健壮。在每次中耕锄草时，将垄上的土同草一起锄入圳中，培壅苗根，到了暑天，把垄上的土削平，圳垄相齐，这就使作物的根能扎得更深，既可以耐旱，也可以抗风，防止倒伏。第二年耕作时变更过来，以原来的圳为垄，原来的垄为圳，使同一地块的土地沿圳垄轮换利用，这样就恢复了地力。

在代田法的推广过程中，赵过首先令离宫卒在离宫外墙内侧空地上试验，结果较常法耕种的土地每汉亩（约合 460 平方米）一般增产粟一石（合 20 升）以上，好的可增产二石。随后，赵过令大司农组织工巧奴大量制作改良农具——耦犁、耧犁，又令关中地区的郡守督所属县令长、三老、力田和里父老中懂农业技术的使用改良的农具，学习代田法的耕作方法和养苗方法，以便推广。在推广过程中，发现有些农民因缺牛而无法趁雨水及时耕种，于是赵过又接受前平都令光的建议，令农民以换工或付工值的办法组织起来用人力挽犁。采用这样的办法，人多的组一天可耕 30 亩，人少的一天也可耕 13 亩，较旧法用耒耜翻地，效率大有提高，使更多的土地得到垦辟。后来代田法不仅行于三辅地区，也推广到河东、弘农、西北边郡乃至居延等地区，且都收到了提高劳动生产率和增产的效果。

代田法在农学上的特点可以概括如下：

一是圳垄相间，苗生圳中。有圳有垄，是代田区别于"缦田"的第一个特点。汉武帝时实行 1 步宽、240 步长的大亩制。在这样的亩中，挖三条圳，其深 1 尺，宽 1 尺，三圳之间是四条垄，其宽与高各 1 尺。作物播种于圳中；借垄岸防风保墒，苗出即褥，培以垄土，故根深本固，无倒伏之虞。

二是圳垄"岁代处"。今岁为垄者，明岁作圳；今岁作圳者，明岁为垄。因为每年总是在圳中播种，所以禾苗生长的地方也随着圳垄的互易而每年轮换着。有的学者以欧洲中世纪的二圃制或三圃制比附代田法，有欠允当。中国自战国以来，休闲制已被连作制所取代，代田法的圳垄代处，种休更替，并未越出连作制的范畴，但劳息相均、用养兼顾的精神，确实是寓乎其中的。

三是半面耕法。代田"岁代处"，盖行半面耕法，即每年施犁耕翻者，仅为作圳播种之处，翻耕之沟土聚而成垄，垄上就不再耕翻了。和这作垄沟的半面式犁耕相结合的，是所谓"隤"垄土的半面式的中耕。代田之中耕，自苗生叶始，渐次颓垄土壅苗根，直到垄与圳平。所以垄这部分虽然没有实行犁耕，然而在第二年作圳以前，实际上已经锄翻一遍了。这种半面式犁耕与半面式锄耕的相互补充和相互轮替，实在是"岁代处"的又一个含义。代田法以"用力少"见称，这应该是其中的原因之一吧。

四是新田器的应用。赵过实行代田法时，能取得显著效果的另一个原因是有特殊的"便巧"农器与之相配套。这些"便巧"农器中的可考者，一是"耦犁"，二是"耧车"。耦犁大大提高了犁耕的能力，而且由于有了犁壁，便于翻土作垄。耧车则大大提高了条播的效率。这些农机具，使代田法如虎添翼，更好地体现了它的进步之处。

代田法施行的效果，班固用"用力少而得谷多"一句话来概括。分而言之，其作用，一是增加产量。由于代田法农田布局巧妙，耕耨之法精细，能防风抗旱，增加产量。史称"亩增一斛"，这应该是大亩。《淮南子·主术训》："中年之获，卒岁之收，不过亩四石。"准此计算，代田法每亩增产的幅度为25%。二是提高劳动生产率。代田法配合耦犁等便巧农器，二牛三人可耕田五顷（大亩），其劳动生产率盖为"一夫百亩（周亩）"的12倍，1200小亩正好相当于大亩5顷。这就是《汉书·食货志》所说的"率十二夫为田一井一屋，故亩五顷，用耦犁……"的意思。

从政治背景看，汉武帝时代由于内外兴作，使用民力过度，到其末年，社会危机逐渐显露。为了缓解社会矛盾，汉武帝重新实行重农政策，代田法就是这种政策下的产物。代田法可以说是第一次由国家有组织地推广新的农业技术和新的农业工具。组织工作亦相当细致：赵过亲自指导在宫壖地进行试验，取得增产效果，又组织三辅地区地方官（令长）、农村基层首领和种田能手（三老、力田、里父老善田者）接受新农法和新农器的训练，培养骨干，同时抓紧新田器的制作和供应，然后从三辅地区逐步推广到河东、弘农和西北边郡等地区。

代田法的推行取得显著的成效，农作物产量提高，垦田增多，对汉武帝晚年以后社会经济的恢复起了重要作用，而且与代田法相辅而行的耦犁、耧车等新农具由此得到了推广，使中国封建社会农业生产力的发展上了一个新的台阶。中国牛耕在黄河流域能真正普及，正是从赵过推行代田法开始的，但是代田法却没有能够经久延续下去。在西汉晚年的《氾胜之书》中，已经看不见实行代田法的痕迹了。自那时到现在，黄河流域盛行的主要是平翻低畦的耕作方法。

究其原因，一方面，代田法对牛力和农具的要求较高，适合较大规模的耕种，而以小农分散经营为主的中国封建农业，对此缺乏足够的适应能力。为了克服这一缺点，赵过提倡人力挽犁，但作用毕竟不大。真正能实行代田法的，可能只有边郡的屯田、政府公田及某些富豪之家。另一方面，在黄河流域旱作技术发展史上，代田法只是防风抗旱的多种农法之一。当"耕—耙—耢"耕作技术体系逐步形成，可以通过这套措施，使黄河流域春旱问题获得相当程度的缓解时，便不一定实行特殊的垄沟种植了，而且耢、耙都是畜力牵引的碎土、平土、覆种工具，适于与全面翻耕的平翻方式相配合，而与半面耕、作垄沟的方式相扞格。如前所述，《氾胜之书》时代已有畜力牵引的碎土覆种工具，虽然"耢"的名称尚未出现，但该书所反映的耕作法，就是全面耕翻的平翻法，而不是半面耕、作垄沟的代田法。

代田法虽然未能经久普遍施行，但它所包含的先进技术，仍然被后世所继承或吸收，对中国农业科技的发展产生了深刻的影响。

宋元时期的土地利用形式

宋元时期，农业生产发展到了一个新的水平，从其所养活的人口数量可以得到反映。有学者估计，"到 12 世纪初，中国的实际人口有史以来，首次突破了 1 亿"。其中尤以南方的人口增长最快。人口的增加不仅仅是农业生产迅速发展的表现，同时它又给农业带来了极大的压力。这种压力最直接的表现就是耕地不足，出现了"田尽而地，地尽而山，山乡细民，必求垦佃，犹胜不稼"的局面。因此，扩大耕地面积已成当务之急。

何处去取得更多的耕地呢？南方和北方相比，地形地势都较为复杂，除了有早已开垦利用的平原以外，更多的是山川和湖泊，于是与水争田，与山争地成了解决耕地不足问题的主要方向。从当时的技术条件来说，一些耐旱耐涝农作物品种，如黄穋稻和占城稻等的出现和引进为山川和湖泊的开发利用提供了一定的可能性。另外各种农具的出现，也为土地利用方式的多样化创造了条件。当时的人们就在这样的有利条件下，创造了多种土地利用形式。

梯田

梯田是在山区丘陵区坡地上，筑坝平土，修成许多高低不等，形状不规则的半月形田块。其上下相接，像阶梯一样，有防止水土流失的功效。梯田最早起源于何时不得而知，有人认为《诗经》中的"阪田"就是原始型梯田。唐代云南部分少数民族地区已有梯田的出现，时称为山田。

梯田之名，始见于宋代，南宋诗人范成大在《骖鸾录》中记载了他游历袁州（今江西宜春市）时所看到的情景，"岭阪上皆禾田，层层而上至顶，名曰梯田"。当时闽、江、淮、浙、蜀等地都有许多梯田。元代王祯不仅给出了梯田的概念，而且还最早总结了梯田的修造方法。根据王祯的记载可以看出，梯田的开辟分为三种情况：一是土山，这种情况只需要自下而上，裁为重磴，即可种艺；二是土石相半，有土有石的山，就必须垒石包土成田；三是如果山势非常陡峭，就不能按照常规去开辟梯田，则只好耨土而种，蹑坎而耘。不管是哪种梯田，只要有水就可以种植水稻，没有水则只能种旱地作物，如粟、麦等。

梯田主要依靠天然雨水灌溉，"雷鸣田"即由此而得名，水源比较缺乏，容易造成干旱。为了利用有限的水源，宋代以后的人们也采取了一定的措施，这便是修筑陂塘，即选择地势较高，而水源又相对集中的地方，按照约十亩即拿出二三亩的比例，开挖池塘，用以蓄水。池塘的堤岸要求高大些，而池塘里面则要求深广，这样做有许多好处。首先，池塘深广，可以容纳更多的水，为梯田提供灌溉水源，发大水时，也不至于泛滥成灾。其次，高大的堤上，可以种植桑、柘。桑、柘可以系牛，使牛在夏天时可以得到凉荫，而堤经过牛的践踏也变得坚实，桑、柘又可以得到牛的粪便作为肥料等。除修筑陂塘以外，还采用高转筒车引水上山来解决梯田缺水问题，有时山势太高，一架筒车还不能将水运到目的地，便用两架筒车来接力，在两架筒车之间开挖一个池塘。由于水源问题得到了解决，所以梯田得到了很大的发展，出现了"水无涓滴不为用，山到崔嵬尽力耕"的情景。解决梯田干旱的另一种办法就是从品种上去做文章，选择生育期短的品种种植。因为生育期短的品种，对水的需求量也小。如宋代时就有一种所谓的"高田早稻"品种，这个品种自种至收，不过五六个月，在这五六个月期间，不过灌溉四五次，因此能确保丰收。梯田，自唐宋出现以后，一直沿用至今，今天在一些山区仍然有大量梯田存在。

围田（圩田）

围田，又叫做圩田。春秋末年，以越族为主体建立的吴国和越国，就在长江下游的太湖地区开始围田了，当时的苏州城附近有大片围田分布。楚灭越以后，春申君在吴国故地继续发展围田，至秦汉时期又进一步推广。围田的大规模发展是在唐宋以后。

完整的圩田除了圩堤之外，还需要有河渠、门闸等水利设施。宋代文学家范仲淹曾经说过，江南地区以前曾经有过圩田，每一区圩田方圆都达数十里，就如大城市一般，圩田中有河渠，外面还有门闸。干旱时开闸引江水进行灌溉，洪涝时就闭闸挡住江水。圩田不怕旱也不愁涝，给农民带来很大的利益。由圩堤、河渠和门闸等构成的圩田体系，成功地扩大了耕地面积。两宋时期，大规模的圩田主要分布在长江下游及太湖流域地区。明清时期，圩田便由长江下游向长江中游发展，在鄱阳湖和洞庭湖流域都有大片圩田（垸田）分布。圩田，使得太湖流域、鄱阳湖流域和洞庭湖流域先后成为新的粮食供应基地，出现了"苏湖熟，天下足"、"湖广熟，天下足"的说法，至今圩田地区仍然是水稻的主产区。

架田

架田又称为葑田。最初的葑田是由泥沙淤积菰葑根部，日久浮泛水面而形成的一种自然土地。东晋郭璞的《江赋》中，有"标之以翠翳，泛之以浮菰，播匪艺之芒种，挺自然之嘉蔬"的文句，其中的"泛之以浮菰"可能指的就是漂浮在水面上的葑田，"芒种"与"嘉蔬"则指的是长于葑田之上的水稻之类的作物。葑田之名最早见于唐朝，唐诗中便有"路细葑田移"的诗句。最早对葑田的利用加以记述的是北宋苏颂的《本草图经》，书中说道："今江湖陂泽中皆有之，即江南人呼为葵草者。……两浙下泽处，菰草最多，其根相结而生，久则并浮于水上，彼人谓之菰葑。割去其叶，便可耕治，俗名葑田。"

在利用天然菰葑的基础上，人们从自然形成的葑田中得到启发，便做成木架浮在水面，将木架里填满带泥的菰根，让水草生长纠结填满框架而成为人造耕地。不过这种人造耕地，在宋代以前仍旧称为葑田。陈旉《农书》曰："深水薮泽，则有葑田。以木缚为田丘，浮系水面，以葑泥附木架而种艺之。其木架田丘，随水高下浮泛，自不淹溺。"为了防止它们随波逐流，或人为的偷盗，人们用绳子将其拴在河岸边；而有时为了防止风雨拍打，毁坏庄稼，人们又将其牵走，停泊在避风的地方，等风雨过后，天气好转，再把它们放到宽阔的水面。元代时正式将葑田命名为架田，王祯《农书》云："架田，架犹筏也，亦名葑田。"架田虽然仍称作葑田，但架田已突破了葑田的限制，而成为真正意义上的人造耕地。"架田附葑泥而种，既无旱暵之灾，复有速收之效，得置田之活法"，元代王祯就对此大加推荐，认为"水乡无地者宜效之"。唐宋时期，江浙、淮东、两广一带都有使用，其分布范围也相当广。

宋元时期，主要存在的以上三种土地利用形式，不仅为当时的农业发展解决了耕地不足的问题，而且对我们后世利用土地也有着很好的指导意义。

种类繁多的中国古代"田器"

　　农业生产工具自春秋战国以来被称之为"田器"、"农器"和"农具"。数千乃至上万年以来，中国的古老农具在中国这片广袤的土地上，为农业的发展创造了一个又一个的奇迹，为养活一代又一代的炎黄子孙而建立了不朽的功勋，成为中国光辉历史不可分割的一个组成部分，成为中国灿烂文化的重要内容之一。

　　制造农具的原料，最早是石、骨、蚌、角等。商、周时代出现了青铜农具，种类有锛、臿、斧、锸、镈、铲、耨、镰、犁形器等，这是中国农具史上的一个重大进步。中国铁的冶铸技术发明至迟始于春秋。春秋战国之际，冶铁技术先后出现了生铁冶铸、炼钢和生铁柔化三项技术，使铁器成为更富有广阔前途的锐利工具，加快了铁农具代替木、石、青铜制农具的历史进程。铁农具的使用是中国农业生产上的一个重大转折点，它能清除大片森林，使之变为耕地、牧场，也使大面积的田野耕作成为可能，甚至使农业生产关系、土地耕作制度和作物栽培技术等也发生了一系列的变化。中国古代所谓的"田器"种类繁多，按功用可分为下列几类：

高效的取水设备和机具

　　引水灌溉，最重要的是设法把低处的水引向高处。在这方面，中国古代有过不少灵巧的发明。人们熟悉的水车，也叫"翻车"、"龙骨车"、"水蜈蚣"。它出现于东汉、三国之际，最初只被用来浇灌园地，后来被水田区的农民广泛采用，将近2000年来，在农业生产上一直起着较大的作用。筒车，今天在许多地方还可见到，有千年以上的历史了。筒车是在一个大的转轮周围系上许多竹筒或木筒，安置在水边，转轮一部分没在水中，水流激动转轮，轮上的筒就接连不断地依次汲水注到岸上的田地里。元代王祯《农书》里记载的水转翻车、牛转翻车、驴转翻车、高转筒车，构造比较复杂，效率比较高，都是从翻车和筒车变化出来的。高转筒车可以把水引到十丈以上的地方。为了把水引向远处，则有连筒和架槽的发明。连筒是把粗大的竹竿一根根连接起来，下面随地势高下，用木石架起，跨越涧谷，把水引到很远的地方。架槽的设计基本上同连筒一样，只是用以引水的是木槽而已。这类器具，正如王祯所说："大可下润于千顷，高可飞流于百尺，架之则远达，穴之则潜通，世间无不救之田，地上有可兴之雨。"这也反映出中国古代这方面的创造发明之巧妙。

耕翻平整土地的农具

耒耜是犁普遍使用前的主要耕具。它类似现代还使用的铁铲、铁锹，也有叫畬的。使用耕畜牵引的耕犁，中国从春秋战国才开始逐渐在一些地区普及使用。甘肃磨嘴子出土的西汉末年的木牛犁模型说明汉代耕犁已经基本上定型。汉武帝时赵过推广"二牛三人耕"的耦犁，有犁辕、犁梢（犁柄）、犁底（犁床）、犁衡、犁箭等部件。犁壁（又叫犁镜或犁碗）在汉代已广泛使用。汉代的犁是直辕、长辕犁，耕地时回头转弯不够灵活，起土费力，效率不高。

经过不断改进，到唐代创制了新的曲辕犁，又叫做"江东犁"。当时陆龟蒙《耒耜经》中详细记述了它的部件、尺寸和作用。这种犁由铁制的犁镵、犁壁和木制的犁底、压镵、犁箭、犁辕、犁梢、犁评、犁建、犁盘等11个部件组成。整个耕犁相当完备、先进，是中国耕犁发展到比较成熟阶段的典型。中国犁又被称作框形犁，是因为犁体由床、柱、柄、辕等部分构成，呈框形。比起地中海勾辕犁、日耳曼方形犁、俄罗斯对犁、印度犁、马来犁等，它的优点是操作时犁身可以摆动，富有机动性，便于调整耕深、耕幅，且轻巧柔便，利于回转周旋，适于在小面积地块上耕作。另外，使用曲面犁壁，不仅可以更好地碎土，还可起垡作垄，进行条播，利于田间操作和管理。宋代发明了踏犁和犁刀，明代又发明了几种人力犁，但应用范围都不广。除犁以外的翻土工具还有镢和铁搭等。农田耕翻后，须经过碎土和平整。平整的农具最早有耰（椎），以后有挞、耱、耙、碌碡等。甘肃嘉峪关市发现的魏晋墓室壁画中有耙和耱的形象。广东连县西晋墓中出土的陶水田犁耙模型，犁和耙都用牛牵引。水田操作使用的耖，魏晋时南方也已较普遍地使用了。

播种农具

在播种方面，最重要的创造发明是耧车，是汉武帝时搜粟都尉赵过大力推广的新农具之一。据东汉崔寔《政论》说："其法三犁共一牛，一人将之，下种挽耧，皆取备焉。日种一顷，至今三辅犹赖其利。""三犁"即三个耧脚。山西平陆枣园西汉晚期墓室壁画上有一人在挽耧下种，其耧车正是三脚耧。用耧车播种，一牛牵引耧，一人扶耧，种子盛在耧斗中，耧斗与空心的耧脚相通，且行且摇，种乃自下。它能同时完成开沟、下种、覆土三道工序。一次播种三行，行距一致，下种均匀，大大提高了播种效率和质量。这种耧车是现代播种机的始祖。

中耕除草农具

一类是钱、铲和铫，构造大同小异，实质是同一种农具。古代文献往往用来相互注释，《说文解字》十四："钱，铫也，古农器。"这类农具需运用手腕力量贴地平铲以除草松土，也可用来翻土。另一类是耨、镈和锄，就构造来说也大同小异，都是向后用力以间苗、除草和松土的农具，比钱、铲、铫要进步些，至今仍被大量使用着。春秋战国时已有了铁锄，汉代以后的铁锄和近代使用的基本上没有什么差异。耘是水田用的除草、松土农具。王祯《农书·农器图谱·钱镈门》中有耘图。宋元之际的《种莳直说》中第一次记载了耧锄。这是一种用畜力牵引的中耕除草和培土农具。

收获农具

新石器时代已有石制或蚌壳制的割取谷物穗子及藁秆的铚与镰。金属出现后，则有青铜和铁制的铚和镰。几千年以来，铚和镰的形制基本上没有多大的变化。宋以前，还出现了拨镰、艾、翳镰、推镰、钩镰等收获农具。王祯《农书·农器·图谱》中记载的由麦钐、麦绰等组成的芟麦器，是一种比较先进的收获小麦的农具。谷物收割脱粒后，利用风力和密度差异把秕壳与子粒分开的办法很早就使用了。从《诗经》中可以找到证明："维南有箕（箕斗，星名，二十八宿之一），不可以簸扬。"1973 年河南济源县泗涧沟汉墓出土的陶风车模型，说明至迟西汉晚期已经发明了清理子粒、分出糠秕的有效工具。把风车叶片转动生风和子粒重则沉、糠秕轻则飏的经验巧妙地结合在同一机械中，确实是一种新颖的创造。

农具在塑造我们民族的精神性格方面起着潜移默化的作用。农民扶着曲辕犁在空荡荡的田野上深耕，勤快之余，还要怀抱绝大的希望。舂谷、砻米，戽水、灌田……动作是那么的单调，却磨炼了农民的坚强意志。锄禾日当午，汗滴禾下土，艰苦的工作养成了农民吃苦耐劳、坚忍不拔的品质……所以我们这个民族才从容、宽厚、顽强、坚定……农民对他使用的农具是那么的熟悉，那么的有感情，农民能够在黑暗中找到自己那把柴刀，发现自己的锄头，能够得心应手地使用着他用惯了的农具，把大地修理得像花朵，把丰收奉献给社会。在700 年前的农学家王祯眼里，农具意味着田园风光，意味着和平与富足，所以他称农具为"太平风物"。

中国是世界农业独立起源的中心之一，以农立国，而支撑中国农业文明的重要物质条件的各种农具，经过上万年的千锤百炼，经受了自然和社会等风风雨雨的检验，陪伴着勤劳勇敢的农民，创造了一个又一个农业奇迹，推动着历史车轮滚滚向前。一代又一代农民消失了，但他们抓握过的农具却传留了下来。种类繁多的古代农具是中国古代劳动人民智慧的结晶，是中国农业发展的一个个动力。农具的不断发展标志着农业技术的进步，是推动中国农业不断前进的动力。

铁器与牛耕的产生及普及

　　春秋战国时期是中国传统农业精耕细作体系开始形成的时期，也是中国农具史上的飞跃发展时期，其中尤以牛耕和铁农具的出现与推广具有划时代的意义。

　　铁器比青铜器坚韧、锋利，而且价格低廉又容易得到，所以在中原地区取代了青铜农具和石农具。除了加工和灌溉农具外，所有的整地、中耕、收获的农具，主要部件都是铁制的。考古发现的铁农具始见春秋晚期，湖南省长沙市识字岭 314 号墓出土的一件小铁锸，河南省洛阳市水泥制品厂出土的一件铲，陕西省凤翔县雍城秦公 1 号大墓出土的铁铲和铁锸等，是目前已知的早期铁农具。

　　战国的铁农具主要有耒、锸、铧、钁、铲、锄、多齿锄、镰、铚等。耒、锸、铧都是在刃部前端安装铁套刃。钁、铲、锄的整个控土部件都是铁制的。铧（犁）、长条形铁钁、六角形铁锄和多齿锄，是这一时期新出现的整地和中耕农具。战国的犁铧在陕西、山西、山东、河南、河北各地都有出土，说明牛耕已初步推广。牛耕始于何时，学术界仍未统一认识，但至迟到春秋时期已有牛耕的出现。《国语·晋语九》"宗庙之牺为畎亩之勤"，是有关牛耕的最早而又明白无误的记载。耕犁已不是简单的手工农具，它是由动力、传动和工作三个要素组成的农机具。它将手工农具的间歇动作发展为连续运动的耕作方法。牛耕则是将畜力引入农业生产中来,从而极大地提高了劳动效率。

中国新石器时代开始养牛,在很长时期内,养牛业是相当发达的。《墨子·天志》云:"四海之内粒食之民,莫不刍牛羊,豢犬彘。"《荀子·荣辱篇》也说:"今人之生也,方知畜鸡狗猪彘,又畜牛羊。"可见直至春秋战国时代,民间养牛仍然十分普遍。牛在一开始只供食用,后来才被用来耕田。在黄河流域,春秋战国时牛耕已经习见,但当时的铁犁比较原始,汉代出现框形犁,牛耕才臻于成熟。所以,黄河流域牛耕的真正普及的过程,是从赵过作"耦犁"开始的。从此,中国养牛业走上主要为农业服务的轨道。铁器牛耕是中国封建地主制生产力发展的主要标志,耕作和运输都离不开牛,牛被称为"耕农之本",农民和政府都很了解牛耕的重要性。

牛耕在春秋战国时代已经获得了初步的推广,但从春秋到西汉初期,在出土的铁农具中,铁犁的数量少,形制也比较原始,反映出当时牛耕的推广还很有限。到了西汉中期,情况发生了很大的变化。在出土的西汉中期以后的铁农具中,犁铧的比例明显增加。目前已出土的汉代犁铧,绝大部分属于汉代中期以后。

陕西关中是汉代犁铧出土集中的地区,多为全铁铧。一种是长约40厘米、重9~15千克的巨型大铧,即汉代文献称为"铧"者。有人进行过复制和试耕,认为是"数牛挽行"用以开大沟的,即古农书所载用于修水利的"浚犁"。一种是小型犁铧,是从开沟播种用的古犁演变而来的,《齐民要术》称"䎱",是一种小型无壁犁铧,用以中耕除草壅苗开浅沟的。再一种是长约30厘米、重约7.5千克的舌形大铧,这是西汉中期以后最主要的耕犁。这种舌形大铧又往往和铁犁壁同时出土,说明这种汉犁已经装上了犁壁。犁壁的作用是使犁铧翻起的土垡断碎,并向一定方向翻转。汉代既有向一边翻土的菱形、瓦形和方形缺角壁,也有向两侧翻土的马鞍形壁。

在汉代至魏晋的壁画和画像砖石刻中有不少"牛耕图"（主要是东汉时代的），从中可以看到汉犁的整体结构和牵引方式。完整的汉犁，除了铁铧外，还有木质的犁底、犁梢、犁辕、犁箭、犁衡等部件。犁底（犁床）较长，前端尖削以安铁铧，后部拖行于犁沟中以稳定犁架。犁梢倾斜安装于犁底后端，供耕者扶犁推进之用。犁辕是从犁梢中部伸出的直长木杆。犁箭连接犁底和犁辕的中部，起固定和支撑作用。犁衡是中点与犁辕前端连接的横杆。以上各部件构成一个完整的框架，故中国传统犁又称"框形犁"。这种犁用两头牛牵引，犁衡的两端分别压在两头牛的肩上，即所谓"肩轭"。这种牛耕方式俗称"二牛抬杠"，也即文献中所说的"耦犁"。

正因为使用耦犁的劳动生产率大大超越了耒耜，牛耕才在黄河流域获得真正的普及，铁犁牛耕在农业生产中的主导地位才真正确立起来。

耒耜，开创了中国的农耕文化

耒耜，象形字，古代的一种翻土农具，形如木叉，上有曲柄，下面是犁头，用以松土，可看做犁的前身。"耒"是汉字部首之一，从"耒"的字，与原始农具或耕作有关。耒耜的发明开创了中国农耕文化。

耒是一根尖头木棍加上一段短横梁。使用时把尖头插入土壤，并用脚踩横梁使木棍深入，然后翻出。改进的耒有两个尖头或有省力曲柄。耜类似耒，但尖头成了扁头（耜冠），类似今天的锹、铲。其材料从早期的木制发展出石质、骨质或陶质。耒耜的发明提高了耕作效率。耒耜也是后来犁的前身，所以有人仍称犁为耒或耒耜。

耒耜为先秦时期的主要农耕工具。耒为木制的双齿掘土工具，起源甚早。现在所知，在新石器时代晚期的遗址中，已发现有保留于黄土上的耒痕。甲骨文中耒字，刻画出了商代木耒的大致形象。双齿之上有一横木，表明使用时以脚踏之，以利于耒齿扎入土中，也即古人所说的"跖耒而耕"。耒在战国文献中也很常见，据《考工记》载，耒通高为六尺六寸，合今 1.4 米左右。耜为木制的铲状耕田工具，西周时为人们普遍使用，《国语·周语》所引《周制》，其中有"民无悬耜"之语。春秋战国时仍继续沿用，《孟子·滕文公》："农夫岂为出疆舍其耒耜哉"，《吕氏春秋·孟春纪》说每年之春，天子要亲载

"耒耜"而来到藉田。《周礼》中还谈到制作木耜的情况，《地官·山虞》："凡服耜，斩季材，以时入之"，即选择较小的树木以作为耜材之用。《吕氏春秋·任地》："是以六尺之耜，所以成亩也；其博八寸，所以成畎也。"可见耜之通高和耒相近。"其博八寸"是指其刃口的宽度，而《考工记·匠人》则说"耜广五寸"，则耜刃的宽度似随地而异。

原始的刀耕火种，只能是广种薄收，而且经过多次种植的土地日趋贫瘠，收获量越来越少。这时，部落只有整体或部分迁徙，到新的地方披荆斩棘，烧荒垦土，刺穴播种，以取得更多的谷物。频繁的迁徙，繁重的劳动，使先民们疲惫不堪。为了让部落能够休养生息、安居乐业，炎帝决心改进耕播种和种植方法。

《易经·系辞》说神农"斫木为耜，揉木为耒，耒耜之利，以教天下"，《礼含·文嘉》说神农"始作耒耜，教民耕种"，都讲到炎帝神农制作耕播工具——耒耜。

传说，炎帝和大家一起围猎，来到一片林地。林地里，凶猛的野猪正在拱土，长长的嘴巴伸进泥土，一撅一撅地把土拱起。一路拱过，留下一片被翻过的松土。

野猪拱土的情形，给炎帝留下了很深的印象。能不能做一件工具，依照这个方法翻松土地呢？经过反复琢磨，炎帝在刺穴用的尖木棒下部横着绑上一段短木，先将尖木棒插在地上，再用脚踩在横木上加力，让木尖插入泥土，然后将木柄往身边扳，尖木随之将土块撬起。这样连续操作，便耕翻出一片松地。这一改进，不仅深翻了土地，改善了地力，而且将种植由穴播变为条播，使谷物产量大大增加。这种加上横木的工具，史籍上称之为"耒"。在翻土过程中，炎帝发现弯曲的耒柄比直直的耒柄用起来更省力，于是他将"耒"的木柄用火烤成省力的弯度，成为曲柄，使劳动强度大大减轻。为了多翻土地，后来又将木"耒"的一个尖头改为两个，成为"双齿耒"。

经过不断改进，在松软土地上翻地的木耒，尖头又被做成扁形，成为板状刃，叫"木耜"。"木耜"的刃口在前，破土的阻力大为减小，还可以连续推进。木制板刃不耐磨，容易损坏。人们又逐步将它改成石质、骨质或陶质，有的制成耐磨的板刃外壳，损坏后，可以更换，这就是犁的雏形了。为了适应不同的耕播农活，先民们又将耒耜的主要组成部分制成可以拆装的部件，使用时，根据需要进行组合。

战国时耜也称为臿，故《说文》云："耜，臿也。"当时将臿和耒连在一起说，如《韩非子·五蠹》说："禹之王天下也，身执耒臿以为民先。"由于方言关系，像东齐一带称臿为梩，如《孟子·滕文公》："盖归反蔂梩而掩之。"赵岐注："蔂梩，笼臿之属。"

在铁器出现之后，木耒、木耜也开始套上铁制的刃口。如《管子·海王》说到当时的铁器时，以为"耕者必有一耒一耜一铫"，这是这类工具变为铁制的明确证据。在出土的实物中也有这方面的材料，如湖北江陵县出土有战国时的耒。其形制是，从柄到齿皆为木制，柄略向后屈，双齿则略向前弯，齿端套有铁制的刃口。战国时臿的实物未见。长沙马王堆墓出土的木臿上面套有铁刃。战国时的臿与此不会有太大差别。

汉代学者以为耒耜为一物。如许慎以为耒为上部，耜为下部，但都属于木制。而郑玄也认为上为耒，下为耜，所不同的是，他以为耜为金属刃口的专称。现在根据《管子·海王》等记载来看，战国时耒、耜为两种农具，而且也为出土的实物所证实。

有了耒耜，才有了真正意义上的"耕"和耕播农业。炎帝部落开始大面积耕播粟谷，并将一些野生植物驯化为农作物，如稷、米（小麦）、牟（大麦）、稻、麻等。后人将这些作物统称为"五谷"或"百谷"，并留下许多"神农创五谷"的美好传说。其实，生产工具的发明和改进以及野生动植物的驯化是人类在长期的生产实践中逐渐实现的。后人把这些成果归于炎帝，表现了人们对他的尊崇和对先祖的怀念。

现代播种机的始祖
——耧车

耧，也叫"耧车、"耧犁"、"耩子"。它是一种畜力条播机，由耧架、耧斗、耧腿、耧铲等构成。有一腿耧至七腿耧多种，以两腿耧播种较均匀，可播大麦、小麦、大豆、高粱等。从西汉赵过作耧至今，已有2000多年的历史。

耧车，据东汉崔寔《政论》的记载，耧车由三只耧脚组成，就是三脚耧。三脚耧，下有三个开沟器，播种时，用一头牛拉着耧车，耧脚在平整好的土地上开沟播种，同时进行覆盖和镇压，一举数得，省时省力，故其效率可以达到"日种一顷"。

中国出土的小型铁耧铧，年代大约为公元前2世纪。赵过于公元前85年向京城地区推广耧车。在《政论》中保留下的片断曾说："牛拉三个犁铧，由一人操纵，滴下种子，并同时握住条播机（耧车）。

"劐……或播种用铧，是耧车播种时用的铧，类似三角犁铧，但较小些，中间有一高脊，10厘米长，8厘米宽。将劐插入耧车脚背上的二孔中并紧紧绑在横木上。这种铧入地8厘米深，而种子经过耧脚撒落下来，因此能在土中种得很深，并使产量大为提高。用耧车耕种的土地，如同用小犁犁过那样。"

中国是世界上机械发展最早的国家之一。中国古代在机械方面有许多发明创造，在动力的利用和机械结构的设计上都有自己的特色。中国劳动人民很早以前已经懂得用牛、马来拉车了，在 2500 多年以前，牲畜力已被利用到农业生产方面，当时人们除了利用牲畜驮拉运输外，并利用牲畜来帮助耕田和播种。

在战国时期就有了播种机械。中国古代的耧车，就是现代播种机的始祖，因播种幅宽不一，行数不同，汉武帝的时候，赵过在一脚耧和二脚耧的基础上，创造发明了能同时播种三行的三脚耧。一人在前面牵牛拉着耧车，一人在后面手扶耧车播种，一天就能播种一顷地，大大提高了播种效率。汉武帝曾经下令在全国范围内推广这种先进的播种机，还改进了其他耕耘工具，加以提倡代田法，对当时农业生产发展起了推动作用。

那些不了解西方农业史的人，在得知西方直到 16 世纪还没有条播机时，或许要大吃一惊。西方在使用条播机之前，种子是用手点播的，这是极大浪费，而且常常要把当年收成的一半谷物留作翌年播种。用于撒播的种子，发芽后长成植株时，大家聚集在一起，互相争夺水分、阳光和营养，而且还有个不能解决的问题，就是无法除草。虽然条播机从未传到欧洲，但中东的苏米尔人在 3500 年前有过原始的单管种子条播机，不过效率很低。我国在公元前 2 世纪发明的多管种子条播机耧车（后来印度也予以采用），是历史上第一次有效地播种。这种条播机只需要用一头牛、一匹马或一匹骡子来拉，并按可控制的速度将种子播成一条直线。

西方的第一部种子条播机是受到中国耧车的启示制成的。但由于耧车多用于北方，远离欧洲人常来常往的中国南方的港口，因此，实际的样品并未运到欧洲。欧洲人看到的只是关于它的概略的文字描述。口头传说和书中不精确的文字描述与图画，不能使得到消息的欧洲人充分地了解其构造，他们不得不重新创制种子条播机。所以，欧洲种子条播机依据的原理不同于中国条播机的原理，这种情况正是属于"刺激性传播"，即某种思想的传播，不一定伴随结构细节的传播。这样，欧洲人终于有了他们的条播机，但在工作成本上，它是令人扫兴的。

1566 年，威尼斯参议院给欧洲最早的条播机授予了专利权，其发明者是卡米罗·托雷洛。最早留下详细说明的条播机是 1602 年波伦亚城的塔蒂尔·卡瓦里纳的条播机，但很原始。欧洲第一个真正的条播机是杰思罗·塔尔发明的。18 世纪初，此机便已生产，对其叙述的文字发表于 1731 年。但欧洲的这种及其后那些类型的条播机既昂贵又不可靠。19 世纪中叶，欧洲才有足够数量的坚实而质量又好的条播机。

18 世纪欧洲出现过詹姆斯·夏普发明的一种较好的种子条播机，但只单行播种，而且太小，因此，其功能虽好，却没有引起足够重视。由于缺乏这方面的工程技术知识，欧洲在 19 世纪中叶以前的种子条播机基本上是无效的。欧洲在种子条播机这个问题上，白白浪费了两个世纪的时间，这是因为未能利用耧车固有的原理。

中国播种系统在效率上至少是欧洲播种系统的 10 倍，而换算成收获量的话，则为欧洲的 30 倍。19 世纪中叶以前，中国在农业生产率方面比西方要先进很多。

中国耕作农具成熟的标志
——曲辕犁

生产工具是生产力的一个重要因素，一定类型的生产工具标志着一定发展水平的生产力。农具的改进以及广泛采用，对唐朝农业生产的发展起了重要的作用。江南农民在长期的生产实践过程中，不断改进农具，逐渐创造出了曲辕犁。

曲辕犁是一种轻便的短曲辕犁，又称作江东犁。它最早出现于唐代后期的江东地区，它的出现是中国耕作农具成熟的标志。犁普遍使用之前，耒耜是主要的耕作工具。使用畜力牵引的耕犁从春秋战国时期才逐渐在一些地方得到普及和使用。曲辕犁和以前的耕犁相比，有几处重大的改进。首先是将直辕、长辕改为曲辕、短辕，并在辕头安装了可以自由转动的犁盘，这样不仅使犁架变小变轻，而且便于掉头和转弯，操作灵活，节省人力和畜力。

汉代耕犁已基本定形，但汉代的犁是长直辕犁，耕地时回头转弯不够灵活，起土费力，效率不是很高。北魏贾思勰的《齐民要术》中提到长曲辕犁和"蔚犁"，但因记载不详，只能推测为短辕犁。唐代初期进一步出现了长曲辕犁。转动灵活的"蔚犁"的问世和长曲辕犁的出现为江东犁的最终形成奠定了基础。其优点是操作时犁身可以摆动，富有机动性，便于深耕，且轻巧柔便，利于回旋。短曲辕犁适应了江南地区水田面积小的特点，因此最早出现于江东地区。

曲辕犁增加了犁评和犁建，如推进犁评，可使犁箭向下，犁铧入土则深。若提起犁评，使犁箭向上，犁铧入土则浅。将曲辕犁的犁评、犁箭和犁建三者有机地结合使用，便可适应深耕或浅耕的不同要求，并能使调节耕地深浅规范化，便于精耕细作。犁壁不仅能碎土，而且可将翻耕的土推到一侧，减少耕犁前进的阻力。曲辕犁结构完备，轻便省力，是当时先进的耕犁。历经宋、元、明、清各代，耕犁的结构没有明显的变化。

唐代曲辕犁不仅有精巧的设计，并且还符合一定的美学规律，有一定的审美价值。犁辕有优美的曲线，犁铧有菱形的、V 形的，在满足使用功能的同时还有良好的审美情趣。曲辕犁的美学价值体现在三方面，这三个方面的价值对我们后世农具的发展具有很好的借鉴意义。

均衡与稳定

均衡与稳定是美学规律中重要的一条规则。均衡是指造型物各部分前后左右间构成的平衡关系，是依支点表现出来的。稳定是指造型物上下之间构成的轻重关系，给人以安定、平稳的感觉，反之则给人以不安定或轻巧的感觉。

从唐代曲辕犁的造型来看，其以策额为中线，左右两边保持等量不等形的均衡；从色彩上来看，木材的颜色是冷色，而铁也是冷色，可以达到视觉上的均衡；犁铧为 V 形，是一种对称，可以给人以舒适、庄重、严肃的感觉，对称本身亦是一种很好的均衡。

稳定主要表现在实际稳定和视觉稳定两方面。从造型上看，下面的犁壁、犁底、压镵，体积质量较大，重心偏下，有极强的稳定性，这就是实际稳定；从视觉平衡上看，犁架为木材，下面的犁铧为铁制，由于铁的质量分数比木材的质量分数大，从而给人以重心下移的感觉，有很强的视觉稳定感。

变化与统一

在产品造型中，变化与统一是一条很重要的美学规律，也可称为形式美的总法则。变化的主要形式是对比，指造型中突出地表现某些部分的差异程度。统一主要是指形式与功能的一致性和整体格调的一致性。为取得产品造型的变化与统一，主要采用的造型手法是：在变化中求统一；在统一中求变化。

在唐代曲辕犁造型中，虽有直线的犁底、压镜、策额、犁箭和曲线的犁辕、犁梢，但它们的连接方式是相同的，大多用楔、梢、榫来连接固定，且主体以直线为主。这就是在变化中求统一。

在唐代曲辕犁造型中，以直线型为主，给人以硬朗稳定的感觉；但犁辕和犁梢的曲线又使造型富有变化，给人以动态的感觉，起对比和烘托作用。曲辕犁以木材为主，而铁质的犁铧与木质的犁架形成了对比，这就是在统一中求变化。

比例与尺度

美的造型都具有良好的比例和适当的尺度。比例指物体的大小、长短的匀称关系和整体与局部、局部与局部间的匀称关系。尺度指造型对象的整体或局部与人的生理或人所习见的某种特定标准之间的大小关系。

在曲辕犁中，犁辕的长度除了能满足分解牵引力的功能要求外，还兼顾了与整体犁架的比例。犁辕的长度与犁架的比例符合审美要求。犁铧本身也有一定的长宽比例，并与犁架的比例相统一、相和谐。这既满足了局部之间的比例关系，也照顾到了局部与整体的比例关系。

尺度是在满足基本功能的同时，以人的身高尺寸作为量度标准。其选择应符合人机关系，以人为本。犁铧的尺度由耕地的深度、宽度来确定，满足了基本的功能需求。犁梢的长度符合人机尺寸，减少了农民耕地时的疲劳。

唐代的曲辕犁反映了中华民族的创造力，它不仅有着精巧的设计、精湛的技术，还蕴涵着一些美学规律，其历史意义、社会意义影响深远。

水转筒车

"水转筒车"亦称"筒车",是一种以水流作为动力,取水灌田的工具,最大的作用是"不用人畜之力,功效高"。在唐朝,大量筒车的使用已形成了独特的"唐国之风"。这种靠水力自动旋转的古老筒车,在郁郁葱葱的山间、溪流间、小河边构成了一幅幅远古的田园春色图。它是中国古代劳动人民的杰出发明,也是古代农村风光的一道亮丽风景线。

筒车早在春秋时期就已经出现了。庄周《南华经》中记载的汉阴抱瓮老人耻用的桔槔,就是竖在井边的提水的器械。随着社会的不断发展和进步,提水工具的使用越来越受到重视,先后又出现了戽斗、汲筒、龙骨车(又名翻车)和筒车等。戽斗是用粗绳缚于木桶或笆斗的两边,两人对立各执一绳,将河水汲入田间。汲筒是用打通竹节之粗大竹竿,相互连接,随地势高下,用木石支架,跨越涧谷,引水入田的。龙骨车是用连串的活节木板装入水槽中,上面辅以横轴利用人力踏转或利用牛力旋转,使沟溪河水随板导入田中。筒车利用水力运转的原理,让竹筒取水,流水自转导灌入田,不用人力。

筒车最初发明于唐朝,唐陈廷章在《水轮赋》中曰:"水能利物,轮乃曲成。升降满农夫之用,低徊随匠氏之程。始崩腾以电散,俄宛转以风生。虽破浪于川湄,善行无迹;既斡流于波面,终夜有声。"把它安装在有流水的河边，因为挖有地槽，被引入地槽的急流推动木叶轮不停转动，将地槽里的水通过竹筒提升到高处，倒入天槽流进农田中。

后来发展的高转筒车，即元代王祯《农书》描绘的高转筒车，属于提水机械。以人力或畜力为动力，外形如龙骨车，其运水部件如井车，其上、下都有木架，各装一个木轮，轮径约四尺（明代一尺约合0.32米），轮缘旁边高、中间低，当中做出凹槽，更显凹凸不平，以加大轮缘与竹筒的摩擦力。下面轮子半浸水中，两轮上用竹索相连，竹索长约一尺，竹筒间距离约五寸，在上下两轮之间及上面竹索与竹筒之下，用木架及木板托住，以承受竹筒盛满水后的重量。高转筒车也用人力或畜力转动上轮。绑着竹筒的竹索是传动件，当上轮转动时，竹索及下轮都随着转动，竹筒也随竹索上下。当竹筒下行到水中时，就兜满水，而后随竹索上行，到达上轮高处时，竹筒将水倾泻到水槽内，如此循环不已。这样可以带动连成串的小竹筒盛水，沿水槽而上，可在高岸上从低水源地区取水。

南宋以来，筒车在使用过程中不断完善，并逐渐得到推广和普及。明清之际，安康各县都可以见到筒车。地方志书中也有很多关于使用筒车的记载。诸如平利坝河的筒车垭、紫阳县的筒车沟、宁陕县汶水河的筒车湾这些至今沿用的地名，即可探寻到当年筒车的踪迹。在汉滨区迎风乡黄洋河畔，至今仍可看到筒车风姿。它们在喷珠溅玉、浇灌农田的同时，也成了人们旅游观光的靓丽风景。

宋代梅尧臣的《水轮咏》："孤轮运寒水，无乃农自营。随流转自速，居高还复倾。"《宋史·太祖纪三》："六月庚子，步至晋王邸，命作机轮，挽金水河注邸中为池。"宋代李处权的《土贵要予赋水轮》诗："江南水轮不假人，智者创物真大巧。一轮十筒抱且注，循环下上无时了。"由此我们可以看出，筒车在中国农业灌溉历史上有着很重要的地位。

筒车在中国西南部山丘和西北黄河上中游两岸使用得很多，云、桂、川、甘、陕、粤等地也有使用。特别值得注意的是唐朝水车已经传到了日本。829 年，日本的"太政府符"专门谈及"应作水车事"，说："传闻唐国之风，渠堰不便之处，多构水车。无水之地，以斯不失其利。此间之民，素无此备，动若焦损。宜下仰民间，作备件器，以为农业之资。其以手转、以足踏、服牛回等，备随便宜。"这一记载不仅是中日两国人民经济文化交流的绝好证明，也生动说明水车使用已成"唐国之风"，其种类有手转、足踏、牛拉等。

农业制度

　　中国最早的土地制度是原始社会的土地公有制。当时，地广人稀，生产力水平低下，人们日出而作，日暮而息，还得不到起码的温饱。进入奴隶制的夏、商、周时期后，普天之下，莫非王土，率土之滨，莫非王臣。土地私有化时期开始。奴隶制社会实行井田制度，耕种者或以"贡"，或以"助"的方式向统治者交纳赋税。

　　从战国开始，井田制逐渐被封建社会的地租制取代，一大批奴隶主分化为地主阶级，而多数平民和奴隶转化为靠租种土地为生的农民。至秦统一中国，封建土地所有制确立，此后一直延续了 2000 多年。

　　在这 2000 多年中，有时出于形势的需要，土地制度也有过调整。如曹魏时期曾实行屯田制，北魏到唐朝中期实行均田制。这些制度有的是为了鼓励农业生产，有的是为了防止土地的无限制兼并，但土地私有制的性质并没有根本改变。

中国古代的耕作制度

中国古代在耕作制度上经历了撂荒耕作制、轮荒耕作制、轮作复种制和多熟制等几个发展阶段。

撂荒耕作制阶段

中国在原始农业时期，实行撂荒耕作制。这一阶段，又可分为刀耕、锄耕、犁耕三个时期。

刀耕农业时期，主要使用石刀、石斧和尖头木棒之类的原始工具，实行以砍倒烧光为特点的刀耕火种。一般是砍种一年后撂荒，实行年年易地的粗放经营。这一时期的土地利用率极低，人工养地的能力很差，在地力消耗殆尽之后，只好把土地废弃，利用自然植被自发地恢复地力。因此，此期采行的撂荒制其撂荒期很长。实行刀耕农业的人们，多营迁徙不定的生活，处于母系氏族社会。此期相当于生荒耕作时期。

在锄耕农业时期，人们发明了锄、铲、耙之类松翻土壤的工具，此时已由山林或榛莽的砍烧逐渐转向土地的加工。此期已改变了年年易地的办法，转而采用连种若干年、撂荒若干年的办法。这一时期，已经开始有村落，营半定居生活，逐渐由母系氏族社会向父系氏族社会过渡，此期是由生荒耕作向熟荒耕作过渡的时期。中原地区的古代华夏族，多居住在黄河流域土质疏松的地带，早在七八千年或六七千年前就已由刀耕农业过渡到锄耕农业。河南新郑裴李岗遗址、西安半坡遗址，就都有石锄或石铲之类的工具出土，并有较大规模的定居遗址。

在犁耕农业时期，已经发明并使用了石犁、耘田器等耕具，在土地利用上已经采取连种几年和撂荒几年的办法，在养地上采用半靠自然力和半靠人工的措施。这一时期的人们已开始定居生活，并进入父系氏族时期，此期相当于熟荒耕作时期。

轮荒耕作制阶段

轮荒耕作制是已耕地和撂荒地之间有计划定期轮换的耕作制。它虽然仍属于撂荒耕作制的范畴，但是，它已经是撂荒耕作制的高级阶段。中国在商和西周时期，曾实行轮荒耕作制。在春秋战国时期曾推行"田莱制"或"易田制"。田莱制就是已耕地和撂荒地之间有计划地定期轮换的耕作制，此时已能按照土质的优劣确定撂荒的年限，并且撂荒的年限已经缩短。易田制按照《周礼·大司徒》的记载，是已耕地和撂荒地之间定期轮换的轮荒耕作制。但是，在这种授田制度中，已经有了"不易"之地，即连年耕种而不撂荒的地。它是由轮荒制向连种过渡的一种耕作制。轮荒耕作制与撂荒耕作制相比，土地利用率有一定的提高，养地措施有一定的改进。

轮作复种制阶段

春秋战国时期，社会性质发生了由奴隶制向封建制的转变，农业生产力有了较大的提高，特别是铁制农具的应用和牛耕动力的推行，使耕作水平有了显著的提高，因此，秦国和六国都发生了由轮荒制向连种制的转变。这一时期，有部分地区还在土地连种制的基础上创始了轮作复种制。《管子·治国》中所说的"四种而五获"，《荀子·富国》中所说的"一岁而再获"，《吕氏春秋·任地》中所说的"今兹美禾，来兹美麦"等，都可据之解释推测为轮作复种制的创造。秦汉时期的轮作复种制有了初步发展，《周礼·郑注》中所说的"芟刈其禾，于下种麦"，"芟薙其麦，以其下种禾豆"等都说明，东汉时期黄河中下游地区麦、豆、谷之间轮作复种的两种三熟制已经占有一定的比重。

有人认为东汉时期汉水流域的南阳地区已创始了稻麦轮作复种一年两熟制，也有人认为当时的南阳地区不可能稻麦两熟，因为稻后种麦时间已晚。但是，也不否认在水稻育苗移栽或小麦在割稻前套种的情况下，可能做到稻麦两熟。这一时期，华南的部分地方出现了双季稻的栽培。

多熟制阶段

隋唐两宋时期，中国的经济重心已经南移，南方的轮作复种、多熟种植有了新的发展。唐代郑熊的《番禺杂记》中所说的"早稻"和"晚稻"，表明华南地区的双季稻栽培，已有发展；唐代樊绰《蛮书》中有关云南滇池一带麦稻两熟的记述，表明这一时期华南地区稻麦两熟也有新的发展。白居易描写苏州地区农村情况的诗："去年到郡日，麦穗黄离离；今年到郡日，稻花白霏霏"，元稹描写湖南岳州地区农村情况的诗："年年四五月，茧实麦小秋。积水堰堤坏，拔秧蒲稗稠"，都说明了当时长江中下游地区麦稻两熟的新发展。

北宋初年，封建官府在调整作物和品种布局上采取的两项重大措施，即劝谕江南百姓益种诸谷和推广"占城稻"，对南方多熟制的发展产生了深远的影响，促进了南方麦稻两熟的双季稻的发展。南宋时期陈甫《农书》总结了南方地区麦稻、豆稻、菜稻两熟的经验，进一步促进了南方两熟制的发展。南宋诗人杨万里在《江山道中蚕麦大熟》中描述了浙江江山一带麦稻两熟的情况："黄云割露几肩归，紫玉炊香一饭肥。却破麦田秧晚稻，未散水牯卧斜晖。"南宋周去非在《岭外代答》中关于广东钦州地区"月禾"的描述，说明这一时期华南的部分地方还发展了水稻的三熟制。王祯《农书》总结的麦稻两熟田开沟作垄、整地排水的经验，促进了长江中下游地区麦稻两熟的发展。

宋元时期，中国间作套作的理论与技术持续发展。陈旉《农书》不仅从桑苎间作"桑根植深，苎根植浅"的角度论证了深根对浅根这一合理间作组合的科学性，而且总结了"因粪苎，即桑亦获肥益"的经验。《农桑辑要》中深入地探讨了桑间种植的问题，并提出了高棵对矮棵这一合理间作的组合原则。

明代，南方的多熟制又有较大的发展。明代宋应星在《天工开物》中所说的："南方平原，田多两栽两获者"，说明当时南方平原双季稻的栽培已占相当比重。这一时期的双季稻除了连作稻之外，还有间作稻，明代长谷真逸《农田余话》中所说的就是双季间作稻。此期麦稻、豆稻、菜稻轮作复种的一年两熟制有新的发展。明代沈括《农书》总结了浙江湖州地区收稻后"垦麦棱"，复种小麦、油菜的经验。宋应星的《天工开物》总结了稻豆轮作复种，免耕播种的经验。此东南沿海棉区还创始了稻棉轮作和麦棉套作的方法。广东、福建、浙江的温黄平原的部分地方还发展了三熟制，其中既有水稻的三熟，又有二稻一麦的三熟，还有麦稻菽的三熟。

清代，不论是南方，还是北方，多熟制都有长足的发展。从南方来看，双季稻的栽培更为普遍，并且在较大范围内发展了稻麦、稻豆、稻菜、稻杂的两熟、三熟制。从北方来看，黄河中下游的广大地区较广泛地推行了以冬麦为中心，以麦豆秋杂为主要轮作复种方式的两年三熟制，在部分地方发展了麦稻两熟。明清时期，间作套种有较大发展。其中有稻豆间作套作、麦豆间作套作、麦棉间作套作、粮肥间作套作等多种方式。

逐渐发展的耕作制使农业耕作更加有利，从而促进了农业的发展。中国农业耕作制度的发明与创造在世界农业史上具有很重要的地位。

中国古代的赋税制度

赋税是中国古代国家宏观管理经济的重要手段，是统治者为维护国家机关正常运转而强制征收的。赋税制度是随土地制度或状况的变化而变化的。中国封建社会的赋税制度含义是很广泛的，一般包括：以人丁为依据的人头税，即丁税；以户为依据的财产税，即调；以田亩为依据的土地税，即田租；以成年男子为依据的徭役和兵役；还有其他的各种苛捐杂税。中国古代的赋税制度并不是一成不变的，它是逐渐变化的。

隋唐以前的赋税制度

《路史》曾经记载："神农之时，民为赋，二十而一。"这是中国有关征税最早的记载。而西周时，土地为贵族所有，贵族将土地依井田制划分为公田与私田，公田的耕种收获为贵族所有，而私田的收获则可由耕种的庶民保留。公元前685年，齐国的管仲主张"相地而衰征"，是东周时最早提出土地私有、对农业耕地实物征税的政策。

春秋战国时期，随着土地私有制的逐渐发展，各诸侯国先后进行了赋税制度的改革。例如鲁国在鲁宣公十五年（公元前594年）推行的"初税亩"就是最著名的赋税制度改革。据《公羊传·宣公十五年》的解释："初者何？始也。税亩者何？履亩而税也。"这就是说，"初税亩"就是开始按亩征税。这一时期不论公田私田，一律按亩征税。其税率为收获量的 1/10，也就是所谓的"什一之税"。在鲁国进行赋税制度改革之后，各诸侯国都先后进行了赋税制度的改革。楚国在公元前 548 年"书土田"，量入修赋；郑国于公元前 538 年"作丘赋"；秦国于公元前 408 年"初租禾"。

汉高祖刘邦吸取了秦灭亡的教训，在汉初采取了"轻徭薄赋"的政策。《汉书·食货志》中说："汉兴，接秦之敝，诸侯并起，民失作业而大饥馑，凡米石五千，人相食，死者过半。……上于是约法省禁，轻田租，什五而税一。"这就是说，从汉高祖时起，实行"什五税一"的政策，及至汉文帝时期，又有"田租减半"之诏，也就是采取"三十税一"的政策，并有 13 年"除田之租税"。汉景帝时复"三十税一"之制。东汉时，刘秀曾经实行过"什一之税"，但不久又恢复"三十税一"的旧制。纵观两汉赋税制度，除桓帝、灵帝增加亩税十钱以外，一般通行"什五税一"或"三十税一"的实物地租。

汉代由于采取"轻徭薄赋"和"与民休息"的政策，调动了广大农民生产的积极性，经过 70 余年的经营，神州大地出现了所谓"文景之治"的盛世。

据《三国志·魏志·武帝纪》记载，曹魏的赋税制度是："其收田租亩四升，户出绢二匹、绵二斤而已，他不得擅兴发。郡国守相，明检察之，无令强民有所隐藏，而弱民兼赋也。"曹魏的赋税制度，与汉代相比有两个特点：一是汉代的土地税是按土地的收获量分成征收，如"什五税一"、"三十税一"等，而曹魏的土地税则是按亩计算，亩收四升。二是汉代的户口税是按人口征收钱币的，而曹魏的户口税是按户出绢二匹、绵二斤，也就是将征收钱币改为征收实物。

西晋在灭吴统一中国之后，实行课田"户调法"，即在占田制的基础上，规定赋税的数额。"赋"是户调，税是田租。户调法的特点是：以户为单位，计征田租和调赋，也就是把土地税和户口税合而为一，寓田赋于户税之中，不问田多田少，皆出一户之税。户调所征收的绢绵等实物，只是一个通用的标准，实际上是按照各地实际出产情况，通过标准物折合计征，不会只限于绢和绵。西晋征收的田租和户调，较曹魏时征收田租提高了一倍，户调提高了半倍。

南朝宋齐的赋税制度，大体上沿袭东晋的成例，采用"户调法"，即按户征收赋税，民户缴纳调粟和调布。南朝梁陈的户调法与宋齐不同，宋齐是按民户资产定租调，而梁陈则是按人丁定租调。南朝除了正常的户调、田租以外，还有许多杂税和杂调。

北魏在实行均田制以前，采用"九品混通"的办法，就是把农民的一户与有大批依附农民的地主的一户，等量齐观，作为负担租调的单位，这对农民是很不利的。当时的租调定额很高，即帛二匹、絮二斤、丝一斤、粟二十石。实行均田制后的户调制度，以一夫一妇为课征单位。

北齐的赋税制度，大致与北魏相同。在河清三年（564 年）重新颁行均田制后，同税实行"租调法"。

北周的赋税制度，据《隋书·食货志》记载："凡人自十八至六十有四，与轻癃者，皆赋之。其赋之法：有室者，岁不过绢一匹，绵八两，粟五斛；丁者半之。其非桑土，有室者，布一匹、麻十斤；丁者又半之。丰年则全赋，中年半之，下年一之，皆以时征焉。若艰凶扎，则不征其赋。"

隋唐的赋税制度

隋代于开皇二年（582 年）颁布租调令，规定一夫一妇为"一床"，作为课税单位。据《隋书·食货志》记载："丁男一床，租粟三石，桑土调以绢绝，麻土以布，绢绝以匹，加绵三两。布以端，加麻三斤。单丁及仆隶各半之。未受地者皆不课。有品爵及孝子顺孙义夫节妇，并免课役。"开皇三年（583 年）正月又规定："减调绢一匹为二丈。"开皇十年（590 年）五月又规定："丁年五十，免役收庸。"

唐代前期实行"租庸调法",后期实行"两税法"。

（一）租庸调法

唐武德七年（624年）在实行均田制的同时，推行"租庸调"的赋税制度。

租：就是农民向政府缴纳谷物，作为田税。

调：就是农民向政府缴纳当地的土特产，一般指的是绢物等。

庸：就是农民为政府服劳役代替纳物，所谓"输庸代役"。按规定，每丁每年须服劳役20日，闰月加2日，如不服劳役，则以纳绢或布代替，每天折合绢三尺或布三尺七寸五分。

在受灾时，则有减免之制。

唐代前期的租庸调法，税额较轻，尤其是采取"输庸代役"的办法，让农民有休养生息的机会，多少提高了农民的生产积极性，有利于唐代初期的经济繁荣。

但是，在开元（713—741）以后，租庸调法则"陷于败坏"。据《新唐书》记载："开元以后，天下户籍，久不更迭，丁口转死，田亩卖易，贫富升降不实，乃盗起兵兴，财用益绌，而租庸调税法，乃陷于败坏。"

（二）两税法

杨炎于德宗时任宰相，他鉴于当时赋税征收紊乱的情况，乃于德宗建中元年（780年）建议实行两税法，为德宗所采纳。两税法的要点是：按各户资产定分等级，依率征税。首先要确定户籍，不问原来户籍如何，一律按现居地点定籍，取缔主客户共居，防止豪门大户荫庇佃户、食客，制止户口浮动。依据各户资产情况，按户定等，按等定税。办法是：各州县对民户资产（包括田地、动产、不动产）进行估算，然后分别列入各等级（三等九级），厘定各等级不同税率。地税，以实行两税法的前一年，即大历十四年（779年）的垦田数为准，按田亩肥瘠差异情况，划分等级，厘定税率征课。其中丁额不废，垦田亩数有定，这是田和丁的征税基数，以后只许增多，不许减少，以稳定赋税收入。征税的原则是"量出制入"。手续简化，统一征收。即先计算出各种支出的总数，然后把它分配出各等田亩和各级人户。各州县之内，各等田亩数和各级人户数都有统计数字，各州县将所需粮食和经费开支总数计算出来，然后分摊到各等田亩和各级人户中，这就叫"量出制入"，统一征收。征课时期，分为夏秋两季。这主要是为了适应农业生产收获的季节性，由于农业的收获季节是夏秋两季，所以在夏秋两季向国家缴纳赋税。两税征课资产，按钱计算。因为要按资产征税，就必须评定各户资产的多少，就必须有一个共同的价值尺度，这就是货币（钱），所以两税的征收，都按钱计算，按钱征收。但是有时改收实物，官府定出粟和帛的等价钱。按钱数折收粟帛。

两税法是符合赋税征课的税目由多到少、手续由繁到简、征收由实物到货币的发展规律的。它是适应农业生产力提高、社会经济繁荣与货币经济发展的客观要求的。按社会贫富等级、资产多寡征税也是合理的、公平的。两税法以"量出为入"作为征收的标准，有一定的片面性。按理说，理财的指导思想应是"量入为出"。两税法在按税制估定资产之后，应随着后来物价的变动作适当调整。但实际上只是为了国家多收入，不适时调整资产价格和税率，使农民负担不断增加。

明清的赋税制度

1581 年，明朝内阁首辅张居正，为了缓和阶级矛盾，改革赋税制度，在全国推行一条鞭法。一条鞭法将原来的田赋、徭役、杂税"并为一条"，折成银两，把从前按户、丁征收的役银，分摊在田亩上，按人丁和田亩的多寡来分担。一条鞭法是中国赋役史上的一次重大改革。赋役征银的办法，适应了商品经济发展的需要，有利于农业商品化和资本主义萌芽的增长；纳银代役的规定，可以保证农民的生产时间，相对减轻了农民负担，农民对封建国家的人身依附关系也有所松弛。

清朝建立后，1669 年，康熙帝宣布原来明朝藩王的土地，归现在耕种人所有，叫做"更名田"。

1712 年，清政府规定以康熙十五年（1711 年）的人丁数，作为征收丁税的固定丁数，以后"滋生人丁，永不加赋"。雍正帝一上台就推行"摊丁入亩"的办法，把丁税平均摊入田赋中，实行地丁银制。这样，人头税废除了，封建国家对农民的人身控制进一步松弛，隐蔽人口的现象也逐渐减少。摊丁入亩对中国的人口增长和社会经济发展有重要意义。

中国是世界上的农业大国，农业一直是国家的重要经济支柱，所以其赋税制度与农业生产息息相关。中国农业的发展状况直接影响着历代的赋税形式。有效的赋税制度，同样也进一步促进了中国农业的发展。

建安时期曹魏的屯田制

　　曹魏时期实行屯田制。屯田制自古有之，并非曹操首创，但曹魏屯田的规模和作用之大却是空前绝后的。关于曹魏兴办屯田，史书《三国志》记载：是岁（建安元年），用枣祗、韩浩等议，始兴屯田。《魏书》记载："公曰：'夫定国之术，在于强兵足食，秦人以急农兼天下；孝武以屯田定西域，此先代之良式也。'是岁，乃募民屯田许下，得谷百万斛。于是州郡例置田官。"

　　起初招募人民屯田时，人民一怕得不到实惠，二怕军事编制的束缚，因此多有逃亡之举。于是曹操采纳了袁涣的建议，即变强迫为自由应募，新政策受到了百姓的欢迎，屯田得以顺利进行。

　　国家强制农民或士兵耕种国有土地，征收一定数额田租。屯田源于西汉，至曹魏形成一套完整的制度。西汉前元十一年（公元前169年），汉文帝以罪人、奴婢和招募的农民戍边屯田，汉武帝调发大批戍卒屯田西域。但当时屯田主要集中于西北部边陲，主要方式为军屯，且规模不大。东汉末年，战争连年不断，社会生产力遭到极大破坏，土地荒芜，人口锐减，粮食短缺，形成了严重的社会问题。建安元年（196年），曹操在许都（今河南许昌）附近进行屯田。屯田的土地是无主和荒芜的土地。劳动力、耕牛、农具是镇压黄巾起义中掳获的，有一部分劳动力号称为招募其实是被迫而来的。据说当年屯田收获谷物百万斛，缓解了社会矛盾。"于是州郡列置田官，所在积谷，征伐四方，无运粮之劳，遂兼并群贼，克平天下"（《三国志·魏书·武帝纪》）。曹魏屯田有民屯和军屯两种。民屯每50人为1屯，屯置司马，其上置典农都尉、典农校尉、典农中郎将，不隶郡县。收成与国家分成：使用官牛者，官六民四；使用私牛者，官民对分。屯田农民不得随便离开屯田。军屯以士兵屯田，60人为1营，一边戍守，一边屯田。曹魏屯田对安置流民，开垦荒地，恢复农业生产发挥了重要的作用，为曹操统一北方创造了物质条件。但屯田制的剥削较重，屯田农民被束缚在土地上，身份不自由，屯田士兵则更加艰苦。三国时期，吴、蜀也都实行过屯田，只是规模和成就都不及曹魏。曹魏后期，屯田剥削量日益加重，分配比例竟达官八民二的程度，引起了屯田农民的逃亡和反抗。屯田土地又不断被门阀豪族所侵占，于是屯田制逐渐被破坏了。

军屯和民屯都是战争时期的产物，为供应军粮而兴办，必要时参加民屯的劳力同样需执戈对敌。不同之处在于，屯田农民主要从事农垦生产，而军士以攻防为主。从时间来看，民屯始于建安元年（196年），军屯始于建安之末。

建安屯田使有限的生产资源得到了高效率的分配使用。汉魏之际，广大人民饥寒交迫，所谓"白骨露于野，千里无鸡鸣"就是当时社会的真实写照。一方面大量流民食不果腹，一方面大片荒地无人开垦，而屯田制则可以把这些劳动力安置在国有土地上从事生产，从而充分利用了既定的生产资源。再者，建安屯田解决了军粮供应的问题。军阀混战，归根到底打的是粮草。曹操军团积极地在交通便利的地区实行屯田制度，不但粮草供应有了保障，而且大大减轻了农民运粮的沉重劳役负担。

建安之后，民屯多有演变，到了曹魏末年，这项制度对统治者来说已经无利可图，于是司马炎于魏咸熙元年（265年）宣布："罢屯田官，以均政役，诸典农皆为太守，都尉皆为令长"，实际上就是下令废止了屯田制。

均田制的历史变迁

均田制是中国从北魏到唐代中期实行的计口授田的制度。其始于北魏，北齐、北周、隋、初唐时均沿此制。唐中叶后土地兼并加剧，均田制瓦解。"计口授田"是指政府根据所掌握的土地数量，授予每口人几十亩桑田和露田。桑田可继承，露田在人年老或死亡后要收回。

均田制的实施，肯定了土地的所有权和占有权，减少了田产纠纷，有利于无主荒田的开垦，因而对农业生产的恢复和发展起到了积极作用。均田制的实施，新的租调制的开展，三长制的实行，有利于农民摆脱豪强大族控制，转变为国家编户，使政府控制的自耕小农这一阶层的人数大大增多，保证了赋役来源，从而增强了专制主义中央集权制。

北魏均田制

北魏颁布的均田令由其前期实行的计口授田制度演变而来，是当时北方人口大量迁徙和死亡，土地荒芜，劳动力与土地分离，所有权和占有权十分混乱这一特殊情况下的产物。

均田制的主要内容是：15 岁以上男夫受露田 40 亩、桑田 20 亩，妇人受露田 20 亩。露田加倍或两倍授给，以备休耕，是为"倍田"。

身死或年逾 70 者将露田还官。桑田为世业田，不须还官，但要在三年内种上规定的桑、榆、枣树，不宜种桑的地方，则男夫给麻田 10 亩（相当于桑田），妇人给麻田 5 亩。家内原有的桑田，所有权不变，但要用来充抵应受倍田份额。达到应受额的，不准再受；超过应受额部分，可以出卖；不足应受额部分，可以买足。贵族官僚地主可以通过奴婢、耕牛受田，另外获得土地。奴婢受田额与良民同。耕牛每头受露田 30 亩，一户限 4 头。凡是只有老小癃残者的户，户主按男夫应受额的半数授给。民田还受，每年正月进行一次。在土地不足之处，有满 15 岁成丁应受田而无田可受时，以其家桑田充数；又不足，则从其家内受口已受额中匀减出若干亩给新受田者。地足之处，居民不准无故迁徙；地不足之处，可以向空荒处迁徙，但不许从赋役重处迁往轻处。土地多的地方，居民可以随力所及借用国有荒地耕种。园宅田，良民每三口给一亩，奴婢五口给一亩。因犯罪流徙或户绝无人守业的土地，收归国家所有，作均田授受之用，但首先授其近亲。地方守宰按官职高低授给职分田，刺史 15 顷，太守 10 顷，治中、别驾各 8 顷，县令、郡丞各 6 顷，不许买卖，离职时移交于接任官。

均田制在一定程度上使无地农民获得了无主的荒地，农民有了安居乐业的可能，生产积极性得到提高，同时大片荒地被开垦出来，粮食产量不断增加，从而积极推动了北方经济的恢复和发展。均田制是封建国家土地所有制，并未触动封建地主利益，一方面有利于国家征收赋税和徭役，另一方面促进了北魏政权的封建化，从根本上巩固了北魏的统治。均田制的推行极大地推动了北方内迁各族改变原先落后的游牧生活而向封建农民的转化，推动了这一时期北方民族大融合高潮的出现。另外，均田制对代田制也有很大影响，先后为北齐、北周、隋、唐所沿用，施行时间长达 300 多年。这一制度的选择和推行，为中国封建鼎盛时期的出现奠定了雄厚的物质基础。

均田制在北朝的作用

439 年，太武帝拓跋焘统一黄河流域，结束了北方自十六国以来长达 130 年的分裂，开始了北朝的历史。然而，经历了上百年战乱的北方，在太和改革以前，经济凋敝，社会问题丛生，"饥馑瘟疫，死亡相属，兵疲于外，人怨于内"，"连年不收，上下饥弊"，"不种多年，内外俱窘"。在这样的社会背景下，孝文帝开始了包括均田制在内的太和改革。太和九年（485 年）十月，孝文帝颁布了均田诏，确立了在此之后延续了 300 年的均田制。

自北魏统一黄河流域以来，豪强世族和汉族地主利用手中特权进行土地兼并的情况一直都十分严重，"其时鲜卑贵族与汉族豪强世族特权的发展成为改善国家统治状况，稳定统治秩序中的突出问题"。汉族地主与鲜卑贵族对土地的兼并，不仅造成大量农民失去土地，成为逃亡的浮游人户，更使编户齐民沦为地主豪门的包荫户，从而让北魏政府失去大量的劳动人手和纳税户，形成严重的社会和政治问题。最早发均田议的李安世在上疏中便提到行均田制是要使"雄擅之家不独膏腴之美；单陋之夫亦有顷亩之分"，使"豪右靡余地之盈"，由此看出，均田制实行的一个初衷便是想解决土地兼并的问题。

西晋灭亡之后留在北方的汉族豪强大族凭借自己在地方上的强大势力，筑坞壁以自保。而战乱中无法自存的百姓，"不田者多，游食之口，三分居二"，往往投靠他们寻求庇护。同时，这些地方大族利用北方政权给自己的权力，规避自己宗族的赋役，而加重无宗主的一般编户齐民的赋役负担，迫使许多编户齐民在无法承受的情况下投靠豪强大族，成为他们的隐附户口，这也使编户齐民大量减少，赋税徭役的基础进一步缩减。这时，均田制及其相应的三长制便起到了大土地所有制所不能的"加强控制"的作用。

扩大了赋税来源，虽然在一定程度上降低了租税制，一夫一妇仅纳"帛一匹，租粟二石"，仍然使政府的赋税收入增加了，如元恪时，冀州刺使元晖，"检括丁户，听其归首，出调绢五万匹"。冀州一州即增调绢五万匹，则全国所增租调自然多得多。而肃宗时"于时国家殷富，库藏盈溢，钱绢露积于廊者，不可较数。及太后赐百官负绢，任意自取……"。均田之后，官库殷富可见一斑。而在南北朝时期，国家赋税对国家经济实力及其对内对外的政治作为的重要意义是不言而喻的。

西晋末年以来频繁的战乱，使大量的北方人民迁移、流离、死亡，北方人口锐减，而能稳定地从事农业生产的人口更是少之又少。加之北魏在统一黄河流域的过程中，每下一城便将当地人民大量移往代京，使河北地区更为空荒。所以北方有大量的荒田，而土地的社会意义就在于与劳动力相结合，创造财富，如任其荒废，于国家于人民都是巨大的浪费。而均田制则是很大程度上解决"地有遗力，民无余财"的问题的方法。

实施均田制之前，"天下户以九品混通，户调帛二匹，絮二斤，丝一斤，粟二十石；又入帛一匹二丈，委之州库，以供调外之费。至是，户增帛三匹，粟二石九斗，以为官司之禄"。由此可见，这样的赋税数量，较之均田后的"一夫一妇，帛一匹，租粟二石"是十分沉重的，而且"魏初不立三长，故民多荫附，荫附者皆无官役，豪强征敛，倍于公赋"，豪强对农民的压榨也是不少。再加上鲜卑统治较为严酷，民族矛盾始终存在，北魏前期农民起义不断，如445—446年卢水胡盖吴的起义，471年青州高阳有封辩为首的农民起义等。均田制的颁布，是为了更顺利地括检户口，配合三长制的贯彻。均田制的实行，较大幅度地降低了赋税，减轻了劳动者的负担，而且均田制使农民得到了土地，不再浮游，并且有了一定的稳定收入。这些都大大缓和了阶级矛盾。农民起义减少了，国家内耗也降低了，国家政权稳固了，才会有统一天下的可能。

由于长年的战乱，原土地所有者被迫离开故土而迁移他乡，而当北方统一，局势趋于安定后，大批的流民返乡，与现有土地所有者发生争田诉讼，导致了土地所有权的不稳定。而这种土地所有权不稳定的状况则造成了土地荒置，农业废弛的现象。《魏书》李安世上疏说："争讼迁延，连年不判，良畴委而不开，柔桑枯而不采。"针对这种情况，在李世安的《均田疏》中主张：既"漂居异乡，事涉数世"，且"事已历远，易生假冒"，所以"事久难明，悉属今主"，即承认现实的土地所有权，从而平定长期以来的土地争讼。

唐代均田制

在隋代基础上，唐代明确取消了奴婢、妇人及耕牛受田，土地买卖限制放宽，内容更为详备。另外，唐代均田制与之前北朝、隋朝的均田制一个巨大的差异就是：北朝、隋以户（一夫一妻）为单位授田收税，而唐则以男丁为单位。

均田制的性质

均田制是在鲜卑拓跋部由游牧、畜牧经济向农业经济转变，鲜卑及其他少数民族与汉族融合的过程中产生的。它的实施加速了上述转变过程。隋朝所以能够统一南北以及唐王朝如此强大，均田制的实施是一个重要原因。

均田制既包括封建国家土地所有制，又包括土地私有制。北魏实施均田制时，中国北方一方面存在着大量无主土地和荒地，这些土地按照传统，属国家所有；一方面存在着以宗主为代表的巨大的地主势力和早已根深蒂固的土地私有制。实施均田制并没有改变私有土地的所有权性质。均田制的两重性，正是客观存在着的两种不同性质的土地所有制在法令上的反映。实施均田令，不仅把国有土地按桑田、露田名目请受登记，原有的私地在不变动所有权前提下，也按均田令规定进行了登记，充抵应受额。这一原则贯彻于北魏至唐的均田令中，始终未变。均田制范围的露田（正田、口分田）、职分田、公廨田等，属国家所有。原有的私田、园宅地、桑田（麻田、世业田、永业田）、官人永业田、勋田、赐田等，属私人所有。这两种封建所有制性质不同的土地，并存于均田制范围内，互相影响，互相转化，占支配地位的是封建地主土地所有制。

均田制虽然包括私有土地，但能用来授受的土地只是无主土地和荒地，数量有限。因而均田农民受田，开始就普遍达不到应受额。口分田虽然规定年老、身死入官，但实际上能还官的很少。随着人口的增多和贵族官僚地主合法、非法地把大量公田据为己有，能够还授的土地就越来越少。均田令虽然限制土地买卖、占田过限，但均田农民土地不足，经济力量脆弱，赋役负担沉重，稍遇天灾人祸，就被迫出卖土地，破产逃亡。地主兼并土地是必然要发生的。正因为如此，均田制在北魏实施以后不久即被破坏。经过北魏末年的战乱，无主土地和荒地增多。继起的东魏、西魏、北齐、北周、隋，施行之后又遭破坏。隋末农民起义后，人口大减，土地荒芜，新建立起来的唐王朝重新推行均田令，成效显著。唐高宗以后，均田制又逐渐被破坏。随着大地主土地所有制的发展，国有土地通过各种方式不断转化为私有土地。到唐玄宗开元、天宝年间，土地授受实际上已不能实行。德宗建中元年（780年）实行两税法后，均田制终于废弛。

水利工程

中国古代非常重视农田水利工程建设，有的水利工程还兼有便利交通的功能，但更主要还是出于灌溉农田，提高产量的考虑。

中国古代的农田水利工程最早可追溯到周初吴地的泰伯渎。泰伯是周国古公亶父的长子，因避位季历而率众来到吴地，为以后吴国的始祖。他率领民众挖成的泰伯渎早已湮没，但文献还有零星的记载，在此之前是否还有农田水利工程已不可考。

中国有史以来的历代王朝都把农田水利建设当成一件大事来抓。现在黄河流域和长江流域的所有支流，几乎都经过人工改造，中国先民挑战自然的精神和成就，确实令人景仰，而他们在兴修水利工程中所表现出来的聪明才智，也一直受世人赞颂。

形式多样的灌溉水利工程

水利是农业的命脉，几千年的农田水利的兴废，在中国农业历史中有着重要的影响。中国古代黄河流域农田水利开发最早，然后向淮河流域及江南发展。隋唐以后中国的经济重心南移，南方农田水利发展迅速，超过了北方。

农田水利工程以沟洫水利为起始期，传说在夏禹治理洪水时曾大力兴修沟洫，并在湿润的地区推广种植稻。商代的甲骨文中，有表示田间沟渠的文字。到周代，和井田制配合的沟洫工程已比较系统了。据《周礼》"稻人"、"遂人"和《考工记·匠人》的记载，当时沟洫大致分为浍、洫、沟、遂等，有的还建了蓄水的陂塘，形成有蓄有灌有排的农田水利体系。春秋时子驷、子产先后在郑国，子路在蒲国执政时都兴建过沟洫工程。由此可见，中国的水利工程由来已久。

灌溉渠系工程

开渠道满足作物的水分需要，开水沟排除农田多余的水，是农田水利的主要任务。所以沟渠工程是最普遍的一种形式。

商、周时期农田中的沟洫分别起着向农田引水、输水、配水、灌水以及排水的作用。战国时期，列国争霸，为达到富国强兵的目的，水利事业更是备受重视，大型渠系建设迅速兴起。魏国西门豹在今河北临漳一带主持兴建漳水十二渠，为中国最早的大型渠系。

公元前 3 世纪，蜀守李冰主持修建了举世闻名的都江堰水利工程。都江堰历时 2000 多年而不废，效益有增无减。都江堰建于岷江冲积扇地形上，为无坝引水渠系。渠道工程主要由鱼嘴、宝瓶口和飞沙堰三部分组成。整个工程规划布局合理，设计构思巧妙，管理运用科学，施工维修经济，为中国古代灌溉渠系中不可多得的优秀工程。建成后，四川平原遂"旱则引水浸润，雨则杜塞水……水旱从人，不知饥馑，时无荒年，天下谓之天府也"。

关中平原上的郑国渠是规模最大的一个渠系工程，由水工郑国主持修建。渠西引泾水，东注洛水，干渠全长 150 余千米，计划灌溉面积达 4 万顷。司马迁评价郑国渠在秦统一事业中所起的作用时说："渠就，用注填阏（淤）之水，溉舄卤之地四万余顷，收皆亩一钟。于是关中为沃野，无凶年。秦以富强，卒并诸侯"。

西汉时，灌溉渠系工程继续发展，关中地区建成了白渠、六辅渠、成国渠、蒙茏渠、灵轵渠等，在今河套地区和河西走廊"皆引河及川谷（水）以溉田"，新疆古轮台（今轮台县）、渠犁（今库勒尔县）、伊循（今若羌县一带）、车师、楼兰（今罗布泊北岸一带）和伊吾（今哈密附近）等地也多有灌溉工程。西汉以后，灌溉渠系工程的发展基本上处于停滞状态，只是在少数地方略有兴建而已。

陂塘工程

陂塘是利用自然地势，经过人工整理的贮水工程，其功能是蓄水溉田。2000 多年以前的文献中已有利用陂池灌溉农田的记载："滮池北流，浸彼稻田。"芍陂兴建于春秋战国时期，是最早的一座大型筑堤蓄水灌溉工程，"陂有五门，吐纳川流"。直径大约百里，灌注今安徽寿县以南淠水和肥水之间四万顷田地。今天的安丰塘就是其残存部分。

汉代，陂塘兴筑已经很普遍，东汉以后，陂塘水利加速发展。陂塘水利始建于丘陵地区，起始于淮河流域，汝南、汉中地区也颇为发达。从云南、四川出土的东汉陶陂池模型，可看出当时已在陂池中养鱼，进行综合利用。《淮南子·说林训》中有关于陂塘灌溉面积数量的计算："十顷之陂可以灌四十顷。"中小型陂塘适于小农经济的农户修筑，南方地区雨季蓄水以备干旱时用，修筑尤多。元代王祯《农书·农器图谱·灌溉门》说："惟南方熟于水利，官陂官塘处处有之。民间所自为溪堨、水荡，难以数计。"明代仅江西一地就有陂塘数万个。总之，古代遍布各地的陂塘，对农业生产的作用是不可低估的。

太湖流域的塘浦圩田系统

隋、唐、宋时期，水利建设已经遍及大江南北，太湖流域的塘浦圩田大规模兴修尤为突出。古代太湖地区劳动人民在浅水沼泽或河湖滩地取土筑堤围垦辟田，筑堤取土之处，必然出现沟洫。为了解决积水问题，又把这类堤岸、沟洫加以扩展，于是逐渐变成了塘浦。当发展到横塘纵浦紧密相接，设置闸门控制排灌时，就演变成为棋盘式的塘浦圩田系统。宋代范仲淹在《答手诏条陈十事》中描述道："江南旧有圩田，每一圩方数十里，如大城，中有河渠，外有闸门。旱则开闸引江水之利，涝则闭闸拒江水之害。旱涝不及，为农美利。"太湖地区的塘浦圩田形成于唐代中叶以后。五代时吴国越国利用军队和强征役夫修浚河堤，加强管理护养制度，设立"都水营田使"官职，把治水与治田结合起来。这些措施对塘浦圩田的发展和巩固起到了良好作用。北宋初，太湖流域塘浦圩田废而不治，中期又着手修治。南宋时大盛，做了不少疏浚港浦和围田置闸之类的工程。

海塘工程

自汉、唐起，江、浙、福建沿海人民为防御潮水灾害而开始修建江海堤防。海塘在中国东南沿海地区的经济开发过程中占有相当重要的地位。海塘从局部到连成一线，从土塘演变为石塘，建筑技术水平不断提高。五代吴越国钱镠在位时，曾在杭州候潮门和通江门外筑塘防潮，所用"石囤木桩法"以木栅为格，格内填进砖石，经涨沙充淤后，就成为远比土塘坚固的土石塘。可以说这是从土塘到石塘的过渡。北宋时，石塘技术上的一次改革就是采用了"坡坨法"，即海塘为斜坡石级式，塘身稳定性优于壁立式海塘，坡阶又起消力作用。明清时，海塘工程更受重视，投入的人力、物力之多以及技术上的进步都超过其他历史时期。

井灌

这是利用地下水的一种工程形式。中国井的起源很早。据考古资料证实，距今 4000 多年前的龙山文化遗址中就发掘出了井。北方许多地方地表水不足，故重视发展井灌。战国以来，北方井灌相当流行，历代政府也提倡凿井。明清时，在今陕西关中，山西汾水下游，河北、河南平原地区形成了井灌区。方承观《棉花图》中说："植棉必凿井，一井可溉田四十亩。"坎儿井，是新疆地区利用天山、阿尔泰山、昆仑山上积雪融化的雪水经过山麓渗漏入砾石层的伏流或潜水而灌溉的一种独特形式。坎儿井在西汉时就有了。人们根据当地雨量稀少，气候炎热，风沙大的特点，在地下水流相通的地带开凿成列的竖井，其下有横渠（暗渠），然后通过明渠（灌溉渠道）把水送到农田里。这样，水行地下，可减少蒸发。清代，林则徐曾在吐鲁番一带大力推广，对炎热干旱的吐鲁番农业发展起了很大作用。

上述的几种农田灌溉水利工程在中国古代农业发展中起了重要的作用，是中国农田水利史上的奇迹，它们如一颗颗明星点缀着中国的农业史。

世界水利文化的鼻祖都江堰

都江堰，位于四川省都江堰市城西，是中国古代建设并使用至今的大型水利工程，被誉为"世界水利文化的鼻祖"。通常认为，都江堰水利工程是由秦国蜀郡太守李冰及其子率众于公元前256年左右修建的，是全世界迄今为止，年代最久、唯一留存、以无坝引水为特征的宏大水利工程。

都江堰水利工程的创建，有其特定的历史根源。战国时期，战乱纷起，饱受战乱之苦的人民，渴望中国尽快统一。这个时代，经过商鞅变法改革的秦国名君贤相辈出，国势日盛，他们正确认识到巴蜀在统一中国中特殊的战略地位。当时甚至有"得蜀则得楚，楚亡则天下并矣"的说法。在这一历史大背景下，战国末期秦昭王委任知天文、识地理、隐居岷峨的李冰为蜀国郡守。李冰上任后，首先下决心根治岷江水患，发展川西农业，造福成都平原，为秦国统一中国创造了经济基础。

秦昭襄王五十一年（公元前256年），秦国蜀郡太守李冰和他的儿子，吸取前人的治水经验，率领当地人民，主持修建了著名的都江堰水利工程。都江堰的整体规划是将岷江水流分成两条，其中一条水流引入成都平原，这样既可以分洪减灾，又可以引水灌田，变害为利。都江堰的主体工程包括宝瓶口进水口、鱼嘴分水堤、飞沙堰溢洪道。

宝瓶口的修建过程

首先，李冰父子邀集了许多有治水经验的农民，对地形和水情都做了实地勘察，决心凿穿玉垒山引水。由于当时还未发明火药，李冰便以火烧石，使岩石爆裂，终于在玉垒山凿出了一个宽20米，高40米，长80米的山口。因其形状酷似瓶口，故取名"宝瓶口"，把开凿玉垒山分离的石堆叫"离堆"。

之所以要修宝瓶口，是因为只有打通玉垒山，使岷江水能够畅通地流向东边，才可以减少西边江水的流量，使西边的江水不再泛滥，同时也能解除东边地区的干旱，使滔滔江水流入旱区，灌溉那里的良田。这是治水患的关键环节，也是都江堰工程的第一步。

分水鱼嘴的修建过程

宝瓶口引水工程完成后，虽然起到了分流和灌溉的作用，但因为江东地势较高，江水难以流入宝瓶口。为了使岷江水能够顺利东流且保持一定的流量，并充分发挥宝瓶口的分洪和灌溉作用，李冰在开凿完宝瓶口以后，又决定在岷江中修筑分水堰，将江水分为两支：一支顺江而下，另一支被迫流入宝瓶口。由于分水堰前端的形状好像一条鱼的头部，所以被称为"鱼嘴"。

鱼嘴的建成将上游奔流的江水一分为二：西边称为外江，沿岷江顺流而下；东边称为内江，流入宝瓶口。由于内江窄而深，外江宽而浅，这样枯水季节水位较低，则60%的江水流入河床低的内江，保证了成都平原的生产生活用水；而当洪水来临，由于水位较高，于是大部分江水从江面较宽的外江排走，这种自动分配内外江水量的设计就是所谓的"四六分水"。

飞沙堰的修建过程

为了进一步控制流入宝瓶口的水量，起到分洪和减灾的作用，防止灌溉区的水量忽大忽小、不能保持稳定的情况，李冰又在鱼嘴分水堤的尾部，靠着宝瓶口的地方，修建了分洪用的平水槽和"飞沙堰"溢洪道，以保证内江无灾害。溢洪道前修有弯道，江水形成环流，江水超过堰顶时洪水中夹带的泥石便流入到外江，这样便不会淤塞内江和宝瓶口水道，故取名"飞沙堰"。

飞沙堰采用竹笼装卵石的办法堆筑，堰顶做到比较合适的高度，起一种调节水量的作用。当内江水位过高的时候，洪水就经由平水槽漫过飞沙堰流入外江，使得进入宝瓶口的水量不致太大，保障内江灌溉区免遭水灾。同时，漫过飞沙堰流入外江的水流产生了漩涡，由于离心作用，泥沙甚至是巨石都会被抛过飞沙堰，因此还可以有效地减少泥沙在宝瓶口周围的沉积。

为了观测和控制内江水量，李冰又雕刻了三个石桩人像，放于水中，以"枯水不淹足，洪水不过肩"来确定水位。他还凿制石马置于江心，以此作为每年最小水量时淘滩的标准。在李冰的组织带领下，人们克服重重困难，经过八年的努力，终于建成了这一伟大的历史工程。

都江堰有效的管理保证了整个工程历经2000多年依然能够发挥重要作用。汉灵帝时设置"都水掾"和"都水长"负责维护堰首工程；蜀汉时，诸葛亮设堰官，并"征丁千二百人主护"。此后各朝，以堰首所在地的县令为主管。到宋朝时，制定了施行至今的岁修制度。古代竹笼结构的堰体在岷江急流冲击之下并不稳固，而且内江河道尽管有排沙机制但仍不能避免淤积，因此需要定期对都江堰进行整修，以使其有效运作。宋朝时，订立了在每年冬春枯水、农闲时断流岁修的制度，称为"穿淘"。岁修时修整堰体，深淘河道。淘滩深度以挖到埋设在滩底的石马为准，堰体高度以与对岸岩壁上的水相齐为准。明代以来使用卧铁代替石马作为淘滩深度的标志，现存三根一丈长的卧铁，位于宝瓶口的左岸边，分别铸造于明万历年间、清同治年间和 1927 年。

都江堰的修建成功具有重要的历史意义。它以不破坏自然资源，充分利用自然资源为人类服务为前提，变害为利，使人、地、水三者高度协调统一，是全世界迄今为止仅存的一项伟大的"生态工程"，开创了中国古代水利史上的新纪元，标志着中国水利史进入了一个新阶段，在世界水利史上写下了光辉的一章。都江堰水利工程，是中国古代人民智慧的结晶，是中华文化划时代的杰作。它历经 2200 多年而不衰，是当今世界年代久远、唯一留存、以无坝引水为特征的宏大水利工程。它是中国古代历史上最成功的水利杰作，更是古代水利工程沿用至今，"古为今用"、硕果仅存的奇观。与之兴建时间大致相同的古埃及和古巴比伦的灌溉系统，都因沧海变迁和时间的推移，或湮没、或失效，唯有都江堰独树一帜，至今还滋润着天府之国的万顷良田。

人们在长期实践过程中还创造了都江堰水文化。其内涵深刻，是都江堰工程长盛不衰的重要因素。"乘势利导、因时制宜"的原则，是治理都江堰工程的准则，人们称之为"八字格言"。都江堰的治水三字经（深淘滩，低作堰，六字旨，千秋鉴，挖河沙，堆堤岸，砌鱼嘴，安羊圈，立湃阙，凿漏罐，笼编密，石装健，分四六，平潦旱，水画符，铁椿见，岁勤修，预防患，遵旧制，勿擅变）更是人们治理都江堰工程的经验总结和行为准则。

都江堰水利工程在 2000 多年的运行中，充分发挥了工程潜能。人们在长期实践中积累了独具特色的宝贵经验。其中丰富的文化内涵，反映了治水先驱和广大劳动人民的智慧。都江堰水文化的形成和发展，充分反映了"实践是检验真理的唯一标准"的正确性和长期性。都江堰水文化的内涵，反映了工程修建、维修、管理和发展的全过程，是人类社会发展的重要遗产之一，这也是联合国评定都江堰工程为世界重要文化遗产的重要原因。

大型水利工程郑国渠

郑国渠是最早在关中建设的大型水利工程，战国末年由秦国穿凿，公元前246年由韩国水工郑国主持兴建，约十年后完工。它是以泾水为水源，灌溉渭水北面农田的水利工程。《史记·河渠书》、《汉书·沟洫志》都说，它的渠首工程，东起中山，西到瓠口。中山、瓠口后来分别被称为仲山、谷口，都在泾县西北，隔着泾水，东西相望。

1985—1986年，考古工作者秦建明等对郑国渠渠首工程进行实地调查，经勘测和钻探，发现了当年拦截泾水的大坝残余。它东起距泾水东岸1800米名叫尖嘴的高坡，西至距泾水西岸100多米王里湾村南边的山头，全长2300多米。其中河床上的350米，早被洪水冲毁，已经无迹可寻，而其他残存部分，历历可见。经测定，这些残部，底宽尚有100多米，顶宽1~20米不等，残高6米。可以想见，当年这一工程是非常宏伟的。郑国渠渠首遗址，目前发现有三个南北排列的暗洞，即郑国渠引泾进水口。每个暗洞宽3米，深2米，南边洞口外还有白灰砌石的明显痕迹。地面上有由西北向东南斜行一字排列的七个大土坑，土坑之间原有地下干渠相通，故称"井渠"。

关于郑国渠的渠道，《史记》和《汉书》都记载得十分简略，《水经注·沮水注》记载得比较详细一些。根据古书记载和今人的实地考察，大体上说，它位于北山南麓，在泾阳、三原、富平、蒲城、白水等县二级阶地的最高位置上，由西向东，沿线与冶峪、清峪、浊峪、沮漆（今石川河）等水相交。将干渠布置在平原北缘较高的位置上，这样便于穿凿支渠南下，灌溉南面的大片农田。可见当时的设计是比较合理的，测量的水平也已经达到了一定的高度。

郑国渠的修建有很好的自然条件因素。泾河从陕西北部群山中冲出，流至礼泉就进入关中平原。平原东西数百里，南北数十里，地形特点是西北略高，东南略低。郑国渠就充分利用这一有利地形，在礼泉县东北的谷口开始修干渠，使干渠沿北面山脚向东伸展，很自然地将干渠分布在灌溉区最高地带，这样不仅能够最大限度地控制灌溉面积，而且形成了全部自流灌溉系统，可灌田四万余顷。郑国渠开凿以来，由于泥沙淤积，干渠首部逐渐填高，水流不能入渠，历代以来在谷口地方不断改变河水入渠处，但谷口以下的干渠渠道始终不变。

除了有利的自然条件因素外，郑国渠的修建还是政治军事的需要。

战国时期，中国历史朝着建立统一国家的方向发展，一些强大的诸侯国家，都想以自己为中心，统一全国，兼并战争十分剧烈。关中是秦国的基地，它为了增强自己的经济实力，以便在兼并战争中立于不败之地，很需要发展关中的农田水利，以提高秦国的粮食产量。韩国是秦国的东邻，战国末期，在秦、齐、楚、燕、赵、魏、韩七国中，当秦国国力蒸蒸日上，欲有战事于东方时，首先冲击的是韩国。公元前246年，韩桓王在走投无路的情况下，采取了一个非常拙劣的所谓的"疲秦"的策略，他以著名的水利工程人员郑国为间谍，派其入秦，游说秦国在泾水和洛水（北洛水，渭水支流）间，穿凿一条大型灌溉渠道，表面上说是可以发展秦国农业，真实目的是为了耗竭秦国的实力。

秦王嬴政元年，本来就想发展水利的秦国，很快地采纳了这一诱人的建议，并立即征集大量的人力、财力和物力，任命郑国主持兴建这一工程。在施工过程中，韩国"疲秦"的阴谋败露，秦王大怒，要杀郑国。郑国说："始臣为间，然渠成亦秦之利也，臣为韩延数岁之命，而为秦建万世之功。"《汉书·沟洫志》记载，嬴政是一位很有远见卓识的政治家，他认为郑国说的有道理，同时，秦国的水工技术还比较落后，在技术上也需要郑国，所以秦王一如既往，仍然对其加以重用。经过十多年的努力，全渠终于完工，人称郑国渠。

郑国渠建成以后，经济、政治效益显著，《史记》、《汉书》都说："渠就，用注填阏（淤）之水，溉舄卤之地四万余顷，收皆亩一钟。于是关中为沃野，无凶年。秦以富强，卒并诸侯，因名曰郑国渠。"其中一钟为六石四斗，比当时黄河中游一般亩产一石半，要高许多倍。

郑国渠的作用不仅仅在于它发挥的灌溉效益，而且还在于它首开了引泾灌溉之先河，对后世引泾灌溉产生了深远的影响。汉代有民谣："田於何所？池阳、谷口。郑国在前，白渠起后。举锸为云，决渠为雨。泾水一石，其泥数斗，且溉且粪，长我禾黍。衣食京师，亿万之口。"该民谣称颂的就是引泾工程。

1929 年陕西关中发生大旱，三年六料不收，饿殍遍野。引泾灌溉，急若燃眉。中国近代著名水利专家李仪祉先生临危受命，毅然决然地挑起在郑国渠遗址上修泾惠渠的千秋重任。在他的主持下，此渠于 1930 年 12 月破土动工，数千民工辛劳苦干，历时近两年，终于修成了如今的泾惠渠。1932 年 6 月放水灌田，引水量每秒 16 立方米，可灌溉 60 万亩土地。

为继续解决灌区工程老化失修、效益衰减问题，新中国成立以来，按照边运用、边改善、边发展的原则，对新老渠系进行了三次规模较大的改善调整与挖潜扩灌。1949—1966 年为第一阶段，1966—1983 年为第二阶段，1983—1995 年为第三阶段。

1989 年泾惠渠被列入关中三大灌区改造工程之一，开展了以更新改造、完善配套和方田建设为主要内容的灌区建设，共安排 8 项工程和方田 38.7 万亩。主要项目有：渠首加坝加闸和除险加固、总干渠险工段整治与石渠坡脚砌护，南干渠改善，干、支、斗渠衬砌与翻修，重点建筑物加固改造，排水干沟整修以及通讯线路更新改造等，完成工程投资 1571 万元，建成渠、井、电、路、树相配套的方田面积 41.8 万亩，至 1993 年完成项目任务，1995 年 8 月通过竣工验收。1995 年，渠首引水能力为每秒 50 立方米。全灌区共有干渠 5 条，长 80.42 千米，已衬砌 67 千米；支渠 20 条，长 297.49 千米，已衬砌 78 千米；斗渠 527 条，长 1206 千米，已衬砌 630 千米；配套机井 1.4 万眼；抽水站 22 处，装机 1824 千瓦；设施、有效灌溉面积分别为 134.04 万亩（其中抽水灌溉面积 37.2 万亩）和 125.99 万亩。

郑国渠工程之浩大、设计之合理、技术之先进、实效之显著，在中国古代水利史上是少有的，也是世界水利史上所少有的。它自秦国开凿以来，历经各个王朝的建设，先后有白渠、郑白渠、丰利渠、王御使渠、广惠渠、泾惠渠，至今造益当地。引泾渠渠首除历代故渠外，还有大量的碑刻文献，堪称蕴藏丰富的中国水利断代史博物馆，现已列入国家级文物保护单位。郑国渠遗址历来享有中国水利史"天然博物馆"的盛誉。它的发现，对于研究中国古代水利方面的成就，具有重要意义。

东汉王景治理黄河

　　自古以来，黄河就在中原大地上不断地决口和改道，给中原人民带来了数不清的灾难和痛苦。黄河泛滥不止，汉政府几次治理都没有成功，黄河的一个支流，从荥阳附近分出，叫做汴渠。发大水时，汴渠便被冲得一塌糊涂。汉明帝即位之前，黄河两岸的百姓受水害已经长达60余年了。到明帝刘庄在位时，出现了一位叫王景的能人，他在治水方面颇有成果。

　　王景，字仲通，乐浪郡邯邯（今朝鲜平壤西北）人，东汉建武六年（30年）前生，约汉章帝元和（85年）时卒于庐江（今安徽庐江西南），东汉时期著名的水利工程专家。当年，王景的父亲王闳杀死了东浪郡的官员，拥护汉朝，欢迎汉太守接管东浪郡。他的这一做法受到了光武帝的嘉奖。光武帝封王闳为列侯，但王闳很客气，没有接受。光武帝便召他进京，然而王闳在上京路上就病死了。王景长大以后，由于他自小好学，爱好广泛，精通《周易》，懂得数学，对天文也很有研究，才华横溢，被司空伏恭看中，纳于门下。

　　王景在治水方面很有才能，当时要修整浚仪渠，明帝刘庄便下诏要王景与谒者（官名）王吴一起来负责这件事。王吴采用王景的墕流法（使用石砌溢流堰防洪的办法），使得大水不再造成灾害。早先在西汉平帝刘衎年间，黄河、汴渠决堤，没有及时整治。汉建武十年

（34年）时，阳武令张汜向朝廷奏报说："黄河决堤已经很久了，灾害很大，济渠的大水淹没了数十个县市。只要有修河的资金，成功并不是很难。应该修整治理河堤，以使两岸百姓能够安定生活。"奏报送上去以后，光武帝便下令治理。在刚要修整河堤的时候，浚仪县令乐俊上奏说："早先汉武帝元光年间，人口繁盛，人民开始沿着河岸开垦种植，但是瓠子河段决堤，修整了近二十年，才使得河流不再淤塞。现在两岸居住的人口较少，我们土地丰饶广袤，即使不去治理，这水灾也能够承受。况且，刚刚结束战争，再加徭役，会使人民更加劳累、抱怨。应该休养生息，生活安宁之后再修整河堤。"光武帝便下令停止修整河堤。后来汴渠向东决口，水灾太大了，河堤都淹没在大水里，安徽、河南的人民怨言很大，认为朝廷只是增加人民负担，而不解决人民疾苦。汉明帝永平十二年（69年）时，又商议治理汴渠，便召见王景，问他治水的情况。明帝问道："先帝听取浚仪县令的意见，不修汴渠无大损失，你认为如何？"王景道："陛下请想，汴渠流域接近洛阳，对京城威胁甚大，附近十几个县，产粮丰富，不可不顾，虽然经费巨大，役使的民众成千累万，必有怨言，但修成之后受益的仍是民众与国家，尤其洛阳。"刘庄觉得王景说得很有道理，赏赐给他《禹贡图》、《山海经》、《史记·河渠书》等许多有关水利方面、地理方面的书籍以及钱帛，命令他治水。

永平十三年（70年）夏天，王景到黄河边视察过几次以后，整治汴渠的工程便开始了。这件事可不容易干，汴渠决口后在中原大地上形成宽广的水泽，流经山东省、江苏省几个县注入淮河。特殊的地势环境，使灾害频繁。王景经过认真测算，决定重新改变汴渠的出口路线，让河道从今山东梁山县、平阳县、长青县、济南市、济阳县、高青县、博兴县流经，然后入海。这与今日的黄河流向十分接近。从前的流向比这更为曲折。而这项工程中最大的难题便是荥阳渠口，此处为分流点，需要有闸门控制进入汴渠的水量。王景往坝上加石头，与黄河河堤相连，留下一丈多宽的豁口，用厚木板卡住，这就是水闸。水多时闸门打开，水少时就关住。再按山地落差选择路线，保持水流尽可能平稳，避免自然破坏，特别在急转弯之处，都要修上石堤，再将淤塞的地方挖开，分出支流，以灌溉土地。这几种做法，大大缓解了黄河自身的压力。

治水工程耗资数目惊人，总费用达到了上百亿，故王景处处节约。永平十四年（71 年）四月，汴渠终于完工了。这一年的苦战中有几十万人为之挥汗如雨，由于意外事故，还有许多人献出了生命。放水以后，滚滚黄河顺利流入汴渠，灌溉两岸田地，老百姓纷纷赞扬。刘庄也高兴地来到荥阳，巡视汴渠。他看到王景设计的水闸门时深感佩服，说了很多鼓励的话，如"黄河两岸土地与贫者耕种，官和豪门不得干涉搅扰"。刘庄下诏，再次鼓舞士气，振兴农业。从此，黄河下游两岸被淹过的几十个县的土地都变成了良田，使汉政府增加了许多收入，国库也得以充实。王景因此被称为"治水奇人"，民众对他十分尊敬，刘庄也非常信任他。

对王景治河的具体情况，后人见解不完全一致。尤其对"十里立一水门，令更相洄注"有多种解释。清代魏源认为是沿黄河堤防每十里建一座水门。民国时期李仪祉认为是沿汴渠每十里建一座水门，武同举认为是汴渠有两处引黄水门相距十里。近年来的研究认为：在黄河、汴渠沿堤每十里修建一座水门，从工程量来说可能性很小，而且也无此必要。最可能的情形是在汴渠引黄处修建两处或多处引水口门，各口门间相隔十里左右，以适应黄河主流上下变动的情况。

王景治理黄河的历史贡献，长期以来得到了很高的评价，有王景治河千年无患之说。从史料的记载看，王景筑堤后的黄河经历 800 多年没有发生大改道，决溢也为数不多。从世界水利史上看，在生产力很落后的情况下，治理黄河这样大的工程，能如此圆满取得成功，不能不称之为奇迹，王景也无愧于"治水奇人"的称号。

郭守敬修建通京运河

郭守敬（1231—1316），中国元朝的水利专家。字若思，汉族，顺德邢台（今河北邢台）人。他曾担任都水监，负责修治元大都至通州的运河。

从 800 多年前的金朝起，北京就成了国家的首都。元朝时候，它被称为大都，是当时全国政治经济的中心。大都城内每年消费的粮食达几百万斤。这些粮食绝大部分是从南方产粮地区征运来的。为了便于运输，从金朝起，在华北平原上利用天然水道和隋唐以来修建的运河建立了一个运输系统。但由于自然条件的关系，它的终点不是北京，而是京东的通州，离京城还有几十千米路。这段路程只有陆路可通。陆路运输要占用大量的车、马、役夫。一到雨季，路上泥泞难走，沿路要倒毙许多牲口，粮车往往陷在泥中，役夫们苦不堪言。因此在金朝的时候，统治者就力图开凿一条从通州直达京城的运河，以解决运粮问题。

通州的地势比大都低，因此要开运河，只能从大都引水流往通州。这样，就非得在大都城周围找水源不可。大都城郊最近的天然水道有两条：一条是发源于西北郊外的高粱河，另一条是从西南而来的凉水河。然而这两条河偏偏都水量很小，难以满足运河的水源需要。大都城往北有清河和沙河，水量倒是较大，却因地形关系，都自然地流向东南，成为经过通州的温榆河的上源。水量最大的还数大都城西的浑河（今永定河）。金朝时候，曾从京西石景山北面的西麻峪村开了一条运河，把浑河河水引出西山，过燕京城下向东直注入通州城东的白河。但这条运河容纳了浑河水中挟带来的大量泥沙，容易淤积。到夏、秋洪水季节，水势极其汹涌，运河极易泛滥。这样，运河对于京城反是一个威胁。开凿之后只过了15年，就因山洪决堤，不得已又把运河的上游填塞了。这是一次失败的经验。

郭守敬提出的第一个方案就是他在1262年初见元世祖时所提出来的六条水利建议中的第一条。在大都城的西北，有座玉泉山。玉泉山下涌出一股清泉。这股清泉流向东去，并分成南北两支。南面的一支流入瓮山（今万寿山）以南的瓮山泊（今昆明湖的前身），又从瓮山泊东流，绕过瓮山，与北面的一支汇合，再向东流，成为清河的上源。郭守敬的计划是使进入瓮山泊的这支泉水不再向东，劈开它南面高地的障碍而引它向南，注入高梁河。高梁河的下游原已被金人拦入运河。这样，运河的水量就得到了补充。

当时，元世祖接受郭守敬的建议，下令实施这个计划，但是结果并不理想。因为引来增加水源的必竟只有一泉之水，流量有限，对于数量巨大的航运仍难胜任。事实上，引来的泉水只够用来增加大都城内湖池川流的水量，对于恢复航运没有多大帮助。这又是一次失败的经验。

郭守敬仔细研究了这次失败的原因。显然，关键问题还是在于水量不足。三年以后，他从西夏回来，并提出了开辟水源的第二个方案。他认为可以利用金人过去开的河道，只要在运河上段开一道分水河，将水引回浑河中去，当浑河河水暴涨而危及运河时，就开放分水河闸口，以减少进入运河下游的水量，解除对京城的威胁。这算是个一时有效的办法。之所以说"一时有效"，那是因为这里还有个泥沙淤积问题，日子一久还是要出问题的。看来，郭守敬也考虑到了这一点，所以他并没有在运河上建立闸坝，因为闸坝会阻碍泥沙被冲走。

但是接着又发生了一个他所估计不足的问题。原来从大都到通州这段运河的河道，虽不如大都以上一段那样陡峻，但坡度仍然是相当大的。河道坡度大，水流就很急，没有水闸的控制，巨大的粮船自然无法逆流而上。结果，这条运河在1276年开成以后，只能对两岸的农田灌溉以及从西山砍取木材的顺流下送，起相当的作用，至于对大都运粮，还是无济于事。

1291年，有人建议利用滦河、浑河作为向上游地区运粮的河道。元世祖一时不能决断，就委派正在太史令任上的郭守敬去实地勘察，再定可否。郭守敬探测到中途就发觉这些建议都是不切实际的。他在报告调查结果的同时，向政府提出了许多新建议。他这许多建议中的第一条就是大都运粮河的新方案。这个经过实地勘测、再三研究而提出的新方案，仍然利用以前他那个试行方案中凿成的河道，但是要进一步扩充水源。扩充的办法是把昌平地方神山（今凤凰山）脚下的白浮泉水引入瓮山泊，并且让这条引水河在沿途拦截所有原来从西山东流入沙河、清河的泉水，将其汇合在一起，滚滚而下。这样一来，运河水量可以大为增加。这些泉水又都是清泉，泥沙很少，在运河下游可以毫无顾虑地建立一系列控制各段水位的闸门，以便粮船平稳上驶。

这是个十分周密的计划。元世祖对它极为重视，下令重设都水监，命郭守敬兼职领导，并且调动几万军民，在1292年春天，克日动工。这条从神山到通州高丽庄，全长80多公里的运河，连同全部闸坝工程在内，只用了一年半的时间，到1293年秋天就全部完工了。当时，这条运河起名叫通惠河。从此以后，船舶可以一直驶进大都城中。那时大都城里作为终点码头的积水潭（今此潭还在，只是已经淤缩成一个小池潭了）上，南方来的粮船云集，热闹非常。这样，非但解决了运粮问题，而且还促进了南货北销，进一步繁荣了大都城的经济。

从科学成就上来讲，这次运河工程的最突出之点是在于从神山到瓮山泊这一段引水河道的路线选择。

从神山到大都城的直线距离是 30 多千米。白浮泉发源地海拔约 60 米，高出大都城西北角一带最高处约 10 米。看起来，似乎完全可以沿着这条最短的直线路径把水引来，但实际上这条直线所经地区的地形不是逐渐下降的。由沙河和清河造成的河谷地带，海拔都在 50 米以下，甚至不到 45 米，比大都城西北地带的地势都低。如果引水线路取直线南下，泉水势必将顺着河谷地带一泻东流，无法归入运河。郭守敬看到了这一点，所以他所选定的线路就不是直通京都的。他先把白浮泉水背离东南的大都引向西去，直通西山山麓，然后顺着平行山麓的路线，引往南来。这样，不但保持了河道坡度逐渐下降的趋势，而且可以顺利地截拦、汇合从西山东流的众多泉水。从后来通航的事实证明，舍弃那条直线，采取这条迂回西山而下的线路，的确是十分合理的。

潘季驯的"治黄"工程

　　潘季驯是著名的治水专家，堪称明代河工第一人。他总结并实施的"筑堤防溢、以堤束水、以水攻沙、以清刷黄"的治黄方略有着高度的智慧性与创造性，使得非常难治理的黄河得以驯服，平静地流淌了300年。

　　潘季驯（1521—1595），字时良，号印川，今浙江湖州市郊的汇沮村人。他的先祖在河南荥阳，1600年以前，也就是在东晋时代，迁居到湖州。到了明正德年间，潘季驯四兄弟如同四匹骏马，纷纷中举入仕，入朝为官。老大潘伯骧，任湖南桂阳县知县；老二潘仲骖，进士出身，任翰林院编修；老三潘叔骏，任龙江关提举；老四就是潘季驯，先后任九江府推官、江西道监察御史、大理寺右丞。

　　潘季驯的一生中，4次治河，历时近10年。一次又一次的治黄实践，使他从一个对黄河和河工技术一无所知的人，逐步磨炼成了一位治河专家。如果说他首任河官初识水性；二任河官则已深知堤防的重要性；三任总理河道时，他形成了"以河治河，以水攻沙"的思想并付诸实践；四任河官时，潘季驯就总结前人经验结合自己大量的实践，形成了他的治河理论。他习知地形的险易，成绩显著。

　　明嘉靖四十四年（1565年），黄河在江苏沛县决口，黄河水泛滥，形成了一场特大水灾。苏北平原成了汪洋泽国，更为可怕的是，穿过沛县的京杭大运河被泥沙淤塞，淤积段长达 100 余千米，南方物资无法运往北京，上至明朝皇帝，下至文武百官，个个焦急万分。嘉靖皇帝接连撤换了六任河道总督，依然无济于事。这时，朝廷任命金都御史潘季驯总理河道，治理黄河。他受命于危难之际，开始了一生中最为艰难的治黄工程。

潘季驯上任以后，通过艰苦深入的调查，很快认识到"分流杀势"的方略是不可行的，虽然黄河之害是洪水，然而危害最大的却是洪水中的泥沙，"一斗河水六升沙"，是泥沙淤塞了河道，是泥沙抬高了河床，是泥沙使河道失去了容水能力，泥沙才是黄河与大运河一切灾难的罪魁祸首。新开河道虽然增加了泄洪能力，但却无法把水中之沙排入大海。几年后，洪水带来的泥沙在新开河道中越积越厚，河床越抬越高，最后与防洪大堤大体持平，洪水就轻而易举地冲破大堤，形成灾难。要根治黄河水患，根本出路是要使终年不息、源源不断的水中之泥沙随河水排入大海，不在河道中淤积起来，如果泥沙没有一个顺畅的通道，新开河道再多，黄河与大运河仍永无宁静之日。他的理论与传统的"分流杀势"论背道而驰，却抓住了黄河水患的要害与本质，这是他对黄河水患认识的一次大飞跃。他是对黄河水性与黄河之害的认识最为清醒的官员，见识远远地高出了同时代其他人。

明代万历六年（1578 年），潘季驯开始大规模地治理黄河与大运河的工程。他的治水理念，就是"筑堤防溢、以堤束水、以水攻沙、以清刷黄"。他实施了全新的治水方略，就是不挖新河，全面恢复黄河故道，以黄河之水冲刷黄河之沙，使得黄河干流统一，"水归一槽"，许多官员受传统"分流杀势"论的束缚，强烈地表示反对。他们认为"束水"后的黄河水量增加，会使泛滥更加严重，坚持多开支河。这时潘季驯任右都御史、工部尚书兼河道总督，集行政、人事、财政大权于一身。他力排众议，不受迂腐之见的影响，以必要的权力与正确的理念实施治黄工程。

潘季驯首先在黄河两岸筑起遥堤。遥堤就是防洪大堤，又宽又阔，遥遥相对，以防洪水溢出堤面，泛滥成灾。再在遥堤中间筑缕堤，束水冲沙。"缕堤束水"就是建较窄的缕堤将河水束成一股急流，利用湍急的河水裹挟泥沙奔腾向前，泥沙随水流走，这样就不会导致淤积了。湍急的流水还可以冲刷河床，水流越急，河床冲得越深，容水的能力也就越大。潘季驯的治水工程终于获得了成功，黄河分流的混乱局面也宣告结束，下流的十三支分流终于"归于一槽"，黄河之水经河南兰考、商丘，江苏砀山、徐州、宿迁，直奔淮安市清河口，经淮河流入黄海。

潘季驯主持的治黄工程是全国的头号大工程，极易产生腐败现象。他采取了一系列的监督措施，很有成效。他规定取土宜远，切忌堤旁挖取，以防止堤旁挖土积水成洼，自损堤基，并且选取的必须是"真土胶泥"，也就是有黏性的泥土，而不能是掺杂着沙尘的虚松之土。堤坝一定要"夯杵坚实"，高厚必须符合尺寸要求。为了检验大堤的质量，他事先准备了一批"铁锥筒"，这种"铁锥筒"能插入堤坝十几米深处，钩出深处的泥土。他亲自用铁锥筒一一试掘，逐段横掘至底。从徐州到淮安的大坝长达 250 千米，他一段一段地试掘到底，直到符合要求。

从此，黄河河道稳定了 300 年，造福中华民族 300 年。潘季驯死后，清代的治水专家继承了他的治水方略，束水攻沙，保证了黄河安澜，运河畅通。清代康熙与乾隆皇帝六下江南，在苏北走的是徐州至淮安 250 千米的黄河水道，乾隆称赞潘季驯是"明代河工第一人"。

在潘季驯治理黄河 300 年之后，一些具有现代科学知识的西方水利专家兴致勃勃地向当时的清政府提出了"采用双重堤制，沿河堤筑减速水堤，引黄河泥沙淤高堤防"的方案，并颇为自得地撰写成论文发表，引起了国际水利界的一片关注。不久以后，他们便惊讶地发现这不过是一位中国古人理论与实践的翻版。德国人曾叹服道："潘氏分清遥堤之用为防溃，而缕堤之用为束水，为治导河流的一种方法，此点非常合理。"西方人这才开始对中国古代的水利科技产生深深的敬意。潘季驯的治河理念不仅超越了之前历代的水利专家，而且在世界上也是空前的，这显示了中国古代水利史的进步与辉煌。

太湖流域塘浦圩田系统

塘浦圩田体系，是五代、两宋时期逐渐发展起来的较高形式的圩田体系。之所以称为塘浦圩田体系，是因其把浚河、筑堤、建闸等水利工程措施统一于圩田建设过程中。这既是田制的一种形式，也是农田水利发展的一种新形式。"塘"和"浦"都是圩内的排灌沟渠，它们是横向渠道和纵向渠道的不同称谓，纵浦横塘交错，各有自己的功能。纵浦既可以将多余的水排入江湖，遇到天旱又可以引用湖水灌溉。横塘则有利于储蓄积水，建筑门堰方便控制灌溉，调节水量，还可以利用泾沥（通水濠沟）通港引水流入横塘。

塘浦圩田体系及大型圩田同一般的圩田、围田的显著的区别在于：

其一，塘浦圩田体系规模宏大，且构造合理。庆历年间，范仲淹曾对当时的圩田体系作过如下的描述："江南旧有圩田，每一圩方数十里，如大城，中有河渠，外有闸门。旱则开闸引江水之利，涝则闭闸拒江水之害。旱涝不及，为农美利。"当时塘浦圩田系统中，圩岸筑高至两丈，低者亦不下一丈，塘浦阔达二三十丈，深一至三丈，几乎与水网区的天然河道相当，其作用和影响也相当大。

其二，它是根据水网及可耕土地情况进行一定的规划、设计和布置的。据北宋郏亶所记，根据太湖周缘高地和腹内洼地的不同而采取了不同的工程措施，实现低田和高田分治，以防旱涝。在太湖出水口畅通，江湖海塘基本完备的基础上，吴越还采用了"浚三江，治低田"，"蓄雨泽，治高田"的方法，以达到防止旱涝、高低分治的目的。

治低田的主要办法是深阔塘浦，加高堤岸，排涝防洪。这样做的目的，一是为了排除积水，二是为了取土筑堤岸，达到堤岸"高原足以御其湍悍之流"。即使遇上大水年份，外水高于低田，但由于堤岸高于塘浦水位，也"不能入民田也"。

治高田则以深浚塘浦，储蓄雨水，车畎溉田为主。塘浦的布置与低田区相当，但深度则超过低田区。这样做的目的，主要是为了"畎引江海之水，周流于岗阜之地"，而"近于江者，即因江流稍高，可以畎引；近于海者，又有早晚两潮，可以灌溉"。

高田区与低田区及塘浦相互贯通，其交界处设堰闸节制，分级分片予以控制。雨多时控制高地的径流，以减轻低区的洪潦压力，遇旱时则利用就地蓄潴的水量，或导引圩外江水，以供高田灌溉。

其三，筑圩技术水平大大超出一般圩田。圩田的根本在于圩，圩的修筑技术，在两宋时已有讲究，如沈括所记万春圩圩脚阔六丈，高丈二，顶宽可过两车。若按过两车为丈二宽计算，则圩的边坡比为1:2左右。其圩岸的调度，既要考虑投入的可能性，又要考虑到安全，以能防御大水年外水来洪高度为准则。

随着圩田的继续发展，到元代时，督治圩田规定圩岸体式分作五等，以外水水面为准，平水田为一等，岸高七尺五寸，底阔一丈，面阔五尺。明代标准略有提高，明代耿橘把圩岸修筑分作三等，水中筑堤或两水夹堤为一等堤工，平地筑堤属二等堤工，原有老岸、后稍颓塌重修者为三等堤工。

沈括曾记载嘉祐年间在湖荡地区修筑至和塘的技术措施："就水中以篷篨为墙，栽两行，相去三尺。去墙六丈，又为一墙，亦如之。取水中淤泥，实篷篨中。候干则以水车畎去两墙间水……取土以为堤。"这种施工方法，相当于现代的围堰技术，先用桩木、竹席之类的材料做成两扇墙，中间填泥，形成不透水的围堰，然后在围堰内把水抽干再行开渠、筑堤。这种方法在太湖地区的圩田施工中流传久远。

对于圩岸的施工，则注重基础，"下脚不实，则上身不坚"，因而"务要十倍功夫，坚筑下脚，渐次增高，加土一层，又筑一层"。在濒临湖荡、易受风浪冲击的险要圩段，则用大石块护岸，称为"挡浪"。

在圩岸施工中，还要有选择性地取土，坚决摒弃"疏而透水"、"握之不成团"和片状结构的土质材料，取土方法一般是深挖塘浦与高筑圩岸相结合，或在圩内抽槽取土，就地取材。

其四，圩岸布置与排灌系统统一，形成一种独特的农田水利形式。在围内，不仅有纵横交错的灌排渠系，而且有不同规格的堤岸，以利圩内分级控制。圩内一般分高、中、低三级，于高田外缘开沟取土，低地外沿培土筑堤，这样，低田被围于堤内，堤外侧有截水沟环绕，"外沟以受高田之水，使不内浸，内堤以卫低田庄稼，以免外入"。

其五，圩田的管理维修，从管理组织体制到管理手段都比一般的圩田有了更大的进步。塘浦圩田体系以及后来的大圩、联围是在营田的基础上不断发展起来的，大都具有军事组织的管理体制，因而比较容易移入到塘浦圩田及大型的管理中。官圩设有圩吏，私圩设有圩长。官圩的维修与养护由官府出面组织人力，官员衔内往往添上"兼提举圩田"、"兼主管圩田"、"专切管干圩岸"等字样。如唐天祐元年（904年）由政府创建了一支庞大的经营队伍，称为"撩浅军"。撩浅军在都水营田指挥使的统领下，分四路执行任务，四路共计一万余人。它是一支以治水治田为主要任务的专门队伍，负责河道浦塘浚治、湖区的清淤、除草、堰闸管理、航道养护等。圩田兴治的好坏，常常成为官员考绩升迁的标准。私圩则由圩长召集圩丁，于每年雨季来临之前修筑圩岸、浚治沟渠和防护圩田。"年年圩长集圩丁，不要招呼自要行；万杵一鸣千畚土，大呼高唱总齐声"，"儿郎辛苦莫呼天，一岁修圩一岁眠"。这些诗句描写的都是一年一度圩长率领圩丁维修圩堤的热闹场面。圩内的群众都把身家性命系于圩中，把个人安危和一家生计都与圩岸的安全和圩田的丰歉连在一起。在异常的情况下，则组织大修、抢险、抗旱、排水。正由于形成了这样一个人工管理系统，因而使沿江圩田的维修与护养有了可靠的保证。

圩田的根本依靠是圩，圩是由土筑成的，它经年受浪侵蚀和霖潦，因此，管理、维修、养护是延续圩岸寿命的保证。在圩堤的护养上，采取了人工与生物措施相结合的方式。种草、植树，既是保护圩岸的有效方法，又是美化环境、增加圩田经济收入的一种措施。杨柳生长得快，易栽种，耐水湿，且满岸垂杨，倍增江南圩区美景，因此自古以来，栽杨成为圩区保护圩的一种传统方法。对面临湖荡、易受风浪侵蚀的堤段，采取"岸内筑堘"（即抵水岸），岸外"护岸"的办法加强防御："于圩内外一二丈许，列栅作埂，植菱种杨，谓之外护"。

自北宋消灭吴越以后，太湖塘浦圩田系统就开始衰落，以后虽有几次兴修，但终未见实效。南宋虽苦于修修补补，曾恢复到小康局面，但却始终没有达到繁荣的景象。

淮河流域的水利工程芍陂

芍陂，是中国古代淮河流域的水利工程，又称安丰塘，与都江堰、漳河渠、郑国渠并称为中国古代的四大水利工程，位于今安徽寿县南。芍陂引淠入白芍亭东成湖，东汉至唐可灌田万顷。隋唐时属安丰县境，后萎废。1949 年后经过整治，现蓄水约 7300 万立方米，灌溉面积 4.2 万公顷。

芍陂，于春秋时期楚庄王十六年（公元前 598 年）至二十三年（公元前 591 年）由孙叔敖主持兴建（一说为战国时楚子思所建），迄今 2500 多年来一直发挥着不同程度的灌溉效益。

孙叔敖是一个十分热心水利事业的人，他主张采取各种工程措施，"宣导川谷，陂障源泉，灌溉沃泽，堤防湖浦以为池沼，钟天地之爱，收九泽之利，以殷润国家，家富人喜"。他带领人民大兴水利，修堤筑堰，开沟通渠，发展农业生产和航运事业，为楚国的政治稳定和经济繁荣作出了巨大的贡献。他还亲自主持兴办了期思雩娄灌区等重要的水利工程，芍陂也是他兴建的著名水利工程中的一个。

楚庄王九年（公元前 605 年）许，孙叔敖主持兴建了中国最早的大型引水灌溉工程——期思雩娄灌区。楚庄王知人善任，深知水利对于国家的重要性，于是他任命治水专家孙叔敖担任令尹（相当于宰相）的职务。

　　孙叔敖当上了楚国的令尹之后，继续为楚国的水利建设事业贡献自己的力量。他发动人民"于楚之境内，下膏泽，兴水利"。在楚庄王十七年（公元前597年）左右，又主持兴办了中国最早的蓄水灌溉工程——芍陂。芍陂因水流经过芍亭而得名。工程在安丰城（今安徽省寿县境内）附近，位于大别山的北麓余脉，东、南、西三面地势较高，北面地势低洼，向淮河倾斜。每逢夏秋雨季，山洪暴发，形成涝灾；雨少时又常常出现旱灾。当时这里是楚国北疆的农业区，粮食生产的好坏，对当地的军需民用关系影响极大。孙叔敖根据当地的地形特点，组织当地人民修建工程，将东面的积石山、东南面龙池山和西面六安龙穴山流下来的溪水汇集于低洼的芍陂之中。修建五个水门，以石质闸门控制水量，"水涨则开门以疏之，水消则闭门以蓄之"，不仅天旱有水灌田，又避免水多洪涝成灾。后来又在西南开了一道子午渠，上通淠河，扩大芍陂的灌溉水源，使芍陂达到"灌田万顷"的规模。

　　芍陂建成后，安丰一带每年都生产出大量的粮食，并很快成为楚国的经济要地。楚国更加强大起来，打败了当时实力雄厚的晋国军队，楚庄王也一跃成为"春秋五霸"之一。300多年以后，楚考烈王二十二年（公元前241年），楚国被秦国打败，考烈王便把都城迁到这里，并把寿春改名为郢。这固然是出于军事上的需要，也是由于水利奠定了这里的重要经济地位。芍陂经过历代的整治，一直发挥着巨大效益。东晋时因灌区连年丰收，遂改名为"安丰塘"。如今芍陂已经成为淠史杭灌区的重要组成部分，灌溉面积达到60余万亩，并有防洪、除涝、水产、航运等综合效益。为感戴孙叔敖的恩德，后代在芍陂等地建祠立碑，称颂和纪念他的历史功绩。

　　由于芍陂的军事价值，三国时期，魏国和吴国曾多次交战于此，有史记载的较为人知的两次分别是魏正始二年（241年）的一次和无确切年份记载的一次。正始二年（241年）的一次，最终由魏将王凌大败吴将全琮，而另一次则是吴国胜利。关于后者，历史上记载不多，之所以记载它不是因为它的军事影响，而是因为它在当时是夺嫡斗争的一个导火索。因为吴将顾谭（顾雍之孙）与全氏兄弟争功，触动了孙权的长公主的利益，最后顾谭被贬谪交州，而顾氏在东吴夺嫡的内斗中向来隶属太子一派，而全氏则是鲁王一派，这个事件最终致使东吴夺嫡内斗进入了白热化阶段。

芍陂经过战国秦汉 600 多年漫长岁月，因久不修治而逐渐荒废。东汉建初八年（83 年），水利专家王景任庐江太守，"驱率使民，修起荒废"，对芍陂进行了较大规模的修治。1959 年 5 月，安徽省文物考古工作者，在寿县安丰塘发掘出一座汉代闸坝工程遗址。根据出土遗物，推测其为汉代王景所建。闸坝由草土混合桩坝及叠梁坝组成。草土混合桩坝是一层草一层土逐层叠筑，在草土混合坝前有一道叠梁坝，系用大型栗木层层错叠筑成。由建筑结构和形式推测：在缺水时，陂内的水通过草土混合桩坝的草层经常有少量的水流到叠梁坝内的水潭中，使之有节制地流到田里，而有较多的水蓄在陂内。当洪水到来时，又可凭借草土混合桩坝本身的弹性和木桩的阻力，让水越过坝顶，泄到水潭内，再由叠梁坝挡住，缓缓流出坝外。水坝修筑得十分坚固而又符合科学原理。

三国时期，曹魏在淮河流域大规模屯田，大兴水利，多次修治芍陂。建安五年（200 年），扬州刺史刘馥在淮南屯田，"兴治芍陂以溉稻田"，达到"官民有蓄"。建安十四年（209 年），曹操亲临合肥，亦"开芍陂屯田"。魏正始二年（241 年），尚书郎邓艾大修芍陂，更有成效，在芍陂附近修建大小陂塘 50 余处，大大增加了芍陂的蓄水能力和灌溉面积。西晋太康年间，刘颂为淮南相，"修芍陂，年用数万人"，说明芍陂已建立了岁修制度。南朝宋元嘉七年（430 年），刘义欣为豫州刺史，镇寿阳（今寿县），伐木开榛，修治陂塘堤坝，开沟引水入陂，对芍陂做了一次比较彻底的整治，灌溉面积恢复万顷。

北魏郦道元在《水经注》中对芍陂有较详细的记载，芍陂当时有5个水门：淠水至西南一门入陂，其余四门均供放水之用，其中经芍陂渎与肥水相通的两个水门，可以"更相通注"，起着调节水量的作用。隋开皇年间，寿州总管长史赵轨修治芍陂，将水门改为36个。其后屡废屡建，至清末尚有28个。宋明道年间，安丰知县张旨对芍陂又做了较大规模的修治。

元代以后，安丰塘水利日渐萎缩，除陂塘自然淤积外，主要因为豪强地主不断占湖为田，使陂塘面积日益缩小，日趋湮废。明清两代对芍陂的修治多达24次，但规模都不大。至近代，安丰塘仅长10余千米，东西宽不到5千米，灌田仅800顷。

中华人民共和国成立后，对芍陂进行了综合治理，开挖淠东干渠，沟通了淠河总干渠。芍陂成为淠史杭灌区的调节水库，灌溉效益有很大提高。1988年1月，国务院确定安丰塘（芍陂）为全国重点文物保护单位。

沙漠地区特殊的灌溉系统
——坎儿井

坎儿，意井穴，为荒漠地区一特殊灌溉系统，普遍见于中国新疆吐鲁番地区。坎儿井是开发利用地下水的一种很古老的水平集水建筑物，适用于山麓、冲积扇缘地带，主要是用于截取地下潜水来进行农田灌溉和居民用水。它与万里长城、京杭大运河并称为中国古代三大工程。

坎儿井工程共分三部分：一是竖井，又叫工作井，是和地面垂直的井道，在开掘和修浚时用于出土和通风。一条坎儿井的竖井，少的有十几口，多的 100 ~ 200 口。二是暗渠，即在地下开挖的河道或输水道，把地下潜水由地层送到农田。三是明渠，就是田边输水灌溉的渠道。从山上流下的雪水，渗入地下后，被聚集在进水部分，再通过输水部分，引到地面，送到田间。

坎儿井在吐鲁番盆地历史悠久，分布很广，长期以来是吐鲁番各族人民进行农牧业生产和人畜饮水的主要水源之一。由于水量稳定、水质好，自流引用，不需动力，地下引水蒸发损失、风沙危害少，施工工具简单，技术要求不高，管理费用低，便于个体农户分散经营，深受当地人民喜爱。

根据 1962 年的统计资料，新疆共有坎儿井 1700 多条，总流量约为 26.3 米/秒，灌溉面积 50 多万亩。其中大多数坎儿井分布在吐鲁番和哈密盆地，如吐鲁番盆地共有坎儿井 1100 多条，总流量达 18.3 米/秒，灌溉面积 47 万亩（占该盆地总耕地面积 70 万亩的 67%），对发展当地农业生产和满足居民生活需要等都具有很重要的意义。

坎儿井在吐鲁番地区的形成具备三个基本的条件，一是在当地的自然条件下，由于干旱少雨，地面水源缺乏，人们要生产、生活就不得不重视开发利用地下水。同时，当地的地下水因有高山雪水补给，所以储量丰富。地面坡度陡，有利于修建坎儿井工程，开采出丰富的地下水源，自流灌溉农田和解决人畜饮用。二是当时的生产发展，由于在政治、经济和军事上的要求，以及当时东西方文化的传播，迫使人们必须进一步设法增大地下水的开采量，扩大灌溉面积来满足农业生产发展的需要。因而对引泉结构必须进行改良，采取挖洞延伸以增大其出水量。这样就逐步形成了坎儿井取水方式的雏形。三是在当时的经济技术上，尽管经济技术水平很低，但坎儿井工程的结构形式可使工程的土方量大为减少，且施工设备极为简单，操作技术又易为当地群众所掌握，故坎儿井的取水方式在当时的经济技术条件下是比较理想的形式。

坎儿井是中华文明的产物。盛弘之《荆州记》中记述："隋郡北界有厉乡村，村南有重山，山下有一穴，父老相传云：神龙所生。林西有两重堑，内有周围一顷二十亩地，中有九井，神农既育，九井自穿。又云：汲一井则众井水动，即以此为神农社，年常祠之。"九井自穿相通，一井牵动众井，这与地下暗渠相通的坎儿井结构相同。神农是中国农业和医药发明的传说人物，把穿井与他连在一起，可见其历史悠久。司马迁《史记·五帝本纪》云："瞽叟又使舜穿井，舜穿井为匿空旁出。舜既入深，瞽叟与象共下土实井。舜从匿空出去。"舜穿井时，就挖了一条从旁出的"匿空"（地道），这与坎儿井的挖掘方法极其相似。如果"匿空"为水平地道，就是坎儿井，这是公元前 21 世纪的史迹，比传说波斯于公元前 8 世纪有坎井，要早 1000 多年。

　　《庄子·天地》篇云："子贡南游于楚，反于晋，过汉阴，见一丈人，方将为圃畦，凿隧而入井，抱瓮而出灌，搰搰然用力甚多，而见功寡。子贡曰：'有械于此，一日浸百畦，用力甚寡而见功多，夫子不欲乎？'"子贡向其介绍当时的先进灌溉提水工具桔槔，而圃者答以"吾非不知，羞而不为也"。他害怕使用机巧工具而乱了思想，坚持遵古法凿隧取水。可见在春秋时期凿隧取水已是一项古老技术，而这种技术运用于坡度较大地段。《庄子·秋水》篇的"埳井"，即"坎井"。这类井似同于壑，应是流水深沟或地下暗渠。《荀子·正论》又云："坎井之蛙，不可与语东海之乐。"坎井之名，正式出现在先秦典籍之中。虽然这些记述没有指明坎儿井的具体形成时间，却充分显示出产生坎儿井的文化背景源远流长。

　　提起近代的坎儿井，人们不会忘记林则徐在新疆治水的业绩。除了禁止鸦片以外，林则徐在农田水利建设方面也有很大贡献。1842年，力主禁烟的林则徐被昏庸的道光皇帝撤职，并发配新疆。时值隆冬，戈壁沙漠上，寒风刺骨、黄尘弥漫。当时已58岁的林则徐脸色阴沉，思绪万千，但他火一样的爱国热情并没有泯灭，"怜民穷，不使之为鱼鳖"，在十分艰难的处境中仍然想着为边疆的老百姓做一些实事。

　　林则徐曾在江浙修治水利，也曾对修护黄河做过有益的事情，有一定治水经验。他到新疆后，认真了解当地人民的生产、生活状况，思考着怎样为开发边疆作出贡献。刚到伊犁，他就提出"塞上屯田水利"的建议。伊犁将军布颜泰征求他的意见，问他是在伊犁办理屯田，还是到边远的地方去。他提出要到各地去走走。从此，他往来奔波于吐鲁番、哈密、库车、阿克苏、乌什、喀什、莎车、和田等地，亲自指导屯垦开发。在新疆地区坚苦的自然环境和当时不便的交通条件下，对一个年近花甲的老人来说，这的确不是一件容易的事情。他发现新疆的坎儿井，既可利用地下水源，又能减少蒸发，是很适合当地情况的水利设施，只是开挖太少。于是，他倡导各地人民积极打井修渠，并亲自指导，使新疆坎儿井在这一时期有相当大的发展。吃水不忘打井人，新疆人民对林则徐非常感激，修建了"林公坊"，表示对他的颂扬和纪念，至今还有人把坎儿井称作"林公井"。

另外，坎儿井与灯葫芦有缘。灯葫芦是吐鲁番坎儿井开凿、维修、延伸时使用的首选工具，被比喻成坎儿井匠的眼睛。其功能有：可供深井、暗渠开凿时照明；用于两竖井间凿通暗渠定向（取直）；可测定暗渠顶部、两侧和渠底的平直；在开凿、掏捞、延伸施工前，先将灯点燃，用绳子放进坎儿井或在施工匠人进入深部暗渠时测定是否有瘴气存在，以防施工人员伤亡；"更班"计时功能等。小小坎儿井灯葫芦，妙不可言，除铸造工艺复杂多变，不仅功能多样，且使用方便灵活、简单易行，是古代吐鲁番各族劳动人民聪明智慧的结晶，直到今天，依然闪烁着不朽的科技之光。

农业著作

中国古代农业著作很丰富，其中有官修的，也有学者自己撰写的。先秦专门讲农业的书均已散失，至今已不可考，只是在杂家的著作中还有零散的著录。

《吕氏春秋》中有《上农》、《任地》、《辩土》、《审时》四篇有关农业的篇章。

历代农书的著录很多，尤其是在各史的《艺文志》或《经籍志》中均有农书的著录。但是，由于各时期对农书的范围认知有不同，因此收录的农书内涵也多有差异。因为农家条目，至为芜杂，许多内容相互交错，有些农书并没能收入农家类图书之中。兽医类、草木类、占候类许多图书就散见在形法或艺术类图书中。虽然已有学者开始了甄选工作，但成果显然还是不够的。

传统农学的经典之作《氾胜之书》

在《汉书·艺文志》中著录的农书有9种，其中《神农》、《野老》两种指明是六国时书，四种"不知何世"，余三种可确定为汉代人著作，这就是《董安国十二篇》、《蔡癸一篇》、《氾胜之十八篇》。另外《尹都尉》和《赵氏五篇》也可能是汉代作品。以上五种，都可归入综合性农书一类。在专业性农书方面，《汉书·艺文志》载有《相六畜三十八卷》、《昭明子钓种生鱼鳖》、《种树臧果相蚕书》。《汉书·艺文志》虽没有专门养蚕书的著录，但汉代肯定有关于养蚕的专书。上述的这些著作，除《氾胜之书》外，大多都已失传。

《氾胜之书》的作者氾胜之，是西汉末年人，在汉成帝时当过议郎。曾在三辅地区推广小麦的种植，使关中地区的农业因此丰收。他由于劝农有功，所以被提拔担任御史。《氾胜之书》就是在此基础之上写成的，或者就是为推广农业而写的。《氾胜之书》原名是《氾胜之十八篇》（《汉书·艺文志》农家类），《氾胜之书》一名始见于《隋书·经籍志》，后来成为该书的通称。

该书在汉代已拥有崇高的声誉，屡屡为学者所引述。东汉著名学者郑玄注《周礼·地官·草人》云："土化之法，化之使美，若氾胜之术也。"唐贾公彦疏云："汉时农书数家，氾胜（之）为上。"郑玄注《礼记·月令》孟春之月"草木萌动"又云："此阳气蒸达，可耕之候也。《农书》曰：'土长冒橛，陈根可拔，耕者急发。'"孔颖达疏谓："郑所引《农书》，先师以为《氾胜之书》也。"

《氾胜之书》在魏晋南北朝时期仍然备受重视。如北朝萧大圜云："获菽寻氾氏之书。"贾思勰写作《齐民要术》，也大量引用《氾胜之书》的材料，我们今天所能看到的《氾胜之书》的佚文，主要就是《齐民要术》保存下来的。隋唐时期，该书仍在流传。《隋书·经籍志》、《旧唐书·经籍志》、《新唐书·艺文志》都有著录。唐代和北宋初年的一些类书，如《北堂书钞》、《艺文类聚》、《初学记》、《太平御览》、《事类赋》等，对它多所征引。大概宋仁宗时期开始流行渐少，此时成书的《崇文总目》未见著录。后来著名的私家目录如晁公武的《郡斋读书志》、陈振孙的《直斋书录解题》都未载此书，仅偶见于郑樵的《通志》。宋以后的官私目录再也没有提到《氾胜之书》，看来此书是在两宋之际亡佚的。

中华人民共和国建立以后，祖国农业遗产的整理研究受到空前的重视，一些学者致力于运用现代科学知识整理和研究《氾胜之书》，对《氾胜之书》进行重新的辑佚和校订，其中最重要的成果是石声汉的《氾胜之书今释》（科学出版社，1956 年出版）和万国鼎的《氾胜之书辑释》（中华书局，1957 年出版；农业出版社，1980 年新二版）。

从石声汉和万国鼎辑录的《氾胜之书》资料看，现存《氾胜之书》的内容主要包括以下三个部分：

第一部分，耕作栽培通论。《氾胜之书》首先提出了耕作栽培的总原则："凡耕之本，在于趣时，和土，务粪泽，早锄早获"；"得时之和，适地之宜，田虽薄恶，收可亩十石"，然后分别论述了土壤耕作的原则和种子处理的方法。前者，着重阐述了土壤耕作的时机和方法，从正反两个方面反复说明正确掌握适宜的土壤耕作时机的重要性。后者包括作物种子的选择、保藏和处理，而着重介绍了一种特殊的种子处理方法——溲种法。此外还涉及播种日期的选择等。

第二部分，作物栽培分论。分别介绍了禾、黍、麦、稻、稗、大豆、小豆、枲、麻、瓜、瓠、芋、桑等作物的栽培方法，内容涉及耕作、播种、中耕、施肥、灌溉、植物保护、收获等生产环节。

第三部分，特殊作物高产栽培法——区田法。这是《氾胜之书》中非常突出的一个部分。《氾胜之书》现存的 3000 多字中，有关区田法的文字，多达 1000 多字，而且在后世的农书和类书中多被征引。

《氾胜之书》原来分 18 篇，在《汉书·艺文志》所著录的九种农家著作中，它的篇数仅次于《神农》的 20 篇。现存《氾胜之书》的以上内容，仅仅是原书的一部分，甚至是一小部分。但仅从这一小部分内容已经可以看出，它所反映的农业科学技术，与前代农书相比，达到了一个新的水平。

在《氾胜之书》之前最有代表性的农学文献是《吕氏春秋》中的《上农》、《任地》、《辩土》、《审时》等四篇。《氾胜之书》所提出的"凡耕之本，在于趣时，和土，务粪，泽，早锄，早获"的耕作栽培总原则，包括了"趣时"、"和土"、"务粪"、"务泽"、"早锄"、"早获"等六个技术环节，不但把《任地》等四篇的精华都概括了进去，而且包含了更为丰富和深刻的内容。

《氾胜之书》不但重视对农业环境的适应与改造，而且着力于农业生物自身生产能力的提高。也就是说，在"三才"理论的体系中，不但注意"天、地、人"的因素，而且注意"稼"的因素。在《氾胜之书》作物栽培通论部分中，第一次记述了穗选的技术、作物种子保藏的技术，并且详细介绍了用骨汁、粪汁拌种，以提高种子生活能力的方法。在作物栽培分论部分中，提高作物生产能力的生物技术措施更是屡见不鲜。

《氾胜之书》不但提出了作物栽培的总的原则，而且把这些原则贯彻到各种具体作物的栽培中去。如果说，《吕氏春秋》中有关农业的四篇是作物栽培通论，那么《氾胜之书》已经包括了作物栽培的通论和各论了。《氾胜之书》论及的作物有：粮食类的禾（谷子）、黍、宿麦（冬小麦）、旋麦（春小麦）、水稻、小豆、大豆、麻（大麻）；油料类的胡麻（芝麻）、荏（油苏子）；纤维类的枲（雄株大麻）；蔬菜类的瓜、瓠等。这些作物的栽培方法，基本上都是第一次见于文献记载，其中包含了许多重要的农业科技成就。

《氾胜之书》还第一次记载了区田法。这是少种多收、抗旱高产的综合性技术。其特点是把农田做成若干宽幅或方形小区，采取深翻作区、集中施肥、等距点播、及时灌溉等措施，夺取高额丰产，体现了中国传统农学精耕细作的精神。由于作物集中种在一个个小区中，便于浇水抗旱，从而保证最基本的收成。它又不一定要求在成片的耕地，不一定采用铁犁牛耕，但要求投入大量劳力，比较适合缺乏牛力和大农具、经济力量比较薄弱的小农经营。它是适应由于人口增加和土地兼并的发展，许多农民缺乏土地，而自然灾害又时有发生的情况而创造出来的，历来被作为御旱济贫的救世之方，是最能反映中国传统农学特点的技术之一。

总之，《氾胜之书》是继《任地》等四篇以后最重要的农学著作。它是在铁犁牛耕基本普及条件下对中国农业科学技术的一个具有划时代意义的新总结，是中国传统农学的经典著作之一。

《管子》的农业思想

　　《管子》是中国一部著名的古代典籍，有着丰富的内容。此书命名源于春秋初期齐国著名政治家、军事家管仲，实际上它是战国时期齐国稷下学者的著作集。

　　中华文明是农耕文明的典型代表，农业生产和农业发展在中国古代农业社会中有着悠久的历史传统。《管子》一书在其现存的76篇作品中，有多篇阐述的是农业方面的内容，集中体现了春秋战国时期中国重视农业生产和农业发展的施政理念，"农业是立国之本"是贯穿全书的指导思想。《管子》在开篇就提到君主的任务是"务在四时，守在仓廪"。《管子·治国》中认为："粟也者，民之所归也；粟也者，财之所归也；粟也者，地之所归也。粟多则天下物尽至矣。"这些思想反映出粮食的生产已经不仅关系到人们的日常生活，更关系到治国安邦的大事，事关国家政权的巩固。

　　《管子》在其一系列的有关农业生产和发展的具体论述中反映了中国古代社会丰富的农业科学思想，因时举事、因地制宜是其农业科学思想的核心。

　　农业是典型的受自然规律制约和依赖气候条件的产业，农时在农业生产中具有十分重要的作用。《管子》认识到农时对农业生产活动是至关重要的，因此提出了因时举事的农业科学思想。《管子》一书中多次强调了节气时令对农业生产的重要性，如"不务天时，则财不生"（《管子·牧民》），还详细规定了各个时节应操劳之事，如春天的"修沟渎"、夏天的"求有功，发劳力者而举之"等。《管子》不仅强调农时的重要，而且还包括了不少有关不同农时的农事安排的知识。《臣乘马》说："春事二十五日之内耳"，《禁藏》说："当春三月……赐鲜寡，振孤独，贷五种，与无赋，所以劝弱民。发五正，赦薄罪，出拘民，解仇雠，所以建时功施生谷也。夏赏五德，满爵禄，迁官位，礼孝弟，复贤力，所以劝功也"。从这些内容看，《管子》已经科学地认识到经营农业，务在四时，因时举事，是按客观规律办事的原则问题，是科学的经营办法。

在古代农业社会中，土地是农民从事农业生产的根本前提，没有地利的因素就没有农业的丰收。《管子》一书提出，农民要想经营好农业，首先就必须了解各种土壤的特征，根据不同土壤、水源、地势和地理位置等因地制宜地进行多种经营。《管子》根据土壤类型和发展农业生产的需要对土地进行了分类。《地员》篇将"九州之土"先分为上土、中土、下土三等，然后针对各等次土地土质特性和土壤成分的细微差别，又将其各分为六大种类，如将上等土分为"五粟"、"五沃"、"五位"、"五𥔾"、"五壤"、"五浮"等。《地员》篇对各类土壤的品色、特性以及适宜种植何种作物均有详尽的分析。

《管子》在农业发展思想中具有突出地位的是提倡了农、林、牧、副、渔共举的大农业全面发展的思想，并把大农业的发展提到富民强国的认识高度。《立政》篇中说："山泽救于火，草木植成，国之富也；沟渎遂于隘，障水安其藏，国之富也；桑麻植于野，五谷宜其地，国之富也；六畜育于家，瓜瓠荤菜百果备具，国之富也。"《牧民》篇中指出"务五谷则食足，养桑麻育六畜则民富"。这都体现了将农业划分为五谷、六畜、桑麻、瓜果、蔬菜等不同的生产单位的细化思想。它认识到了只有农、林、牧、副、渔业共举，开展多种经营全面发展才能走上富民强国之路。

《管子》不仅重视农业的全面发展，还注重农业的可持续发展问题。有关这方面的论述颇多，《八观》篇中有"山林虽广，草木虽美，禁发必有时；国虽充盈，金玉虽多，宫室必有度；江海虽广，池泽虽博，鱼鳖虽多，网罟必有正，船网不可一财而成也"的论述，要求适度开发利用自然资源，反对急功近利的行为，反对对自然资源进行竭泽而渔式的开采与利用，体现了追求长远收益的可持续性生产观和发展观，反映了自然经济条件下可持续发展的要求。这种做法在客观上不仅保证了粮食的可持续生产，也有效地保护了环境资源，它的这一思想是具有进步意义的。

《管子》中还包涵了丰富的朴素的自然生态农业发展思想。其自然生态农业发展观首先表现在对自然和自然规律的正确认识上。《管子》认为自然是独立的，自然具有自己特有的运动规律，是不以人的意志为转移的。其次表现在它还认识到了人应当尊重自然规律，与自然相协调。人类遵循自然规律，达到了"人与天调"，就会实现生态平衡、人与自然协调发展。即"然则天为粤宛，草木养长，五谷蕃实秀大，六畜牺牲具。民足财，国富，上下亲，诸侯和"（《五行》）。《管子》还提出了一系列生态保护的措施，加强对森林资源的保护，不乱砍滥伐，"潭根之毋伐，固事之毋入，深鳖之毋涧，不仪之毋助，章明之毋灭，生荣之毋失"（《侈靡》）。奖励植树造林有功者，"民之能树蓺者，置之黄金一斤，直食八石"（《山权数》），从而激发老百姓造林的积极性。保护野生动植物资源，"毋杀畜生，毋拊卵，毋伐木，毋夭英，毋拊竿，所以息百长也"（《禁藏》）。这种保护环境和维护生态平衡的做法，最终目的是为了使人类自己受益，亦可看出《管子》在生态农业发展中所持的动态全局观，追求各方面的协调发展。

《管子》在农业发展中的科学思想，时至今日，仍熠熠生辉，具有强烈的时代感和切实的现实指导意义。

贾思勰和《齐民要术》

贾思勰，是北魏时期益都（今属山东）人。他出生在一个世代务农的书香门第，其祖上就很喜欢读书、学习，尤其重视农业生产技术知识的学习和研究，这对贾思勰的一生有着很大的影响，也为他后来编写农学巨著产生很大的影响。

贾思勰的家境并不是很富裕，但却拥有大量的藏书，因此他从小就有机会博览群书，从中汲取各方面的知识，为他以后编撰《齐民要术》积累了大量的素材。成年之后，他开始走上仕途，曾经做过高阳郡（今山东临淄）太守等官职，并因此到过山东、河北、河南等许多地方。每到一个地方，他都非常重视当地的农业生产，认真考察和研究当地的农业生产技术，向一些具有丰富务农经验的老农请教，获得了不少农业方面的生产知识。中年以后，他回到了自己的故乡，开始经营农、牧业，并亲自参加农业生产劳动和放牧活动，对农业生产有了亲身体验，掌握了多种农业生产技术。他将自己积累的许多古书上的农业技术资料、询问老农获得的丰富经验以及他的亲身实践经验，加以分析、整理、总结，编写成农业科学技术巨著《齐民要术》。

《齐民要术》成书的时间大约为 6 世纪三四十年代，它的问世并不是偶然的，而是有一定的时代背景和客观条件基础的。北魏之前，中国北方处于一种长期的分裂割据局面，100 多年以后，鲜卑族的拓跋氏建立了北魏政权并逐步统一了北方地区，社会秩序由此逐渐稳定，社会经济也随之从屡遭破坏的萧条景象中逐渐恢复过来，得到发展。北魏孝文帝在社会经济方面实施的一系列改革，更是刺激了农业生产的发展，促进了社会经济的进步。尽管如此，当时的农业生产还没有达到很高的水平，有待于进一步的发展。贾思勰认为农业科技水平的高低关系到国家是否富强，于是他便萌生了撰写农书的想法。统治者的励精图治，农业生产的蒸蒸日上，也为贾思勰撰写农书提供了便利的外界条件。再加上他早年对于农业技术知识的研究与实践经验的积累，更为《齐民要术》这本农学巨著的问世奠定了基础。

　　《齐民要术》由序、杂说和正文三大部分组成。正文共 92 篇，分 10 卷，11 万字，其中正文约 7 万字，注释约 4 万字。另外，书前还有"自序"、"杂说"各一篇，其中的"序"广泛摘引圣君贤相、有识之士等注重农业的事例，以及由于注重农业而取得的显著成效。一般认为，杂说部分是后人加进去的。书中内容相当丰富，涉及面非常广，包括各种农作物的栽培，各种经济林木的生产，以及各种野生植物的利用，等等。同时，书中还详细介绍了各种家禽、家畜、鱼、蚕等的饲养和疾病防治，并把农副产品的加工（如酿造）以及食品加工、文具和日用品生产等形形色色的内容都囊括在内。因此说，《齐民要术》对中国农业研究具有重大的意义。

　　《齐民要术》对农业生产的理论作了系统性的阐述，而且对农业活动过程中操作的各个环节都写得相当具体、详细、全面、清楚，不仅超过了前人的同类著作，而且在世界上也达到了领先水平。比如，"平整土地"一项，贾思勰既指出了耕地的重要意义和要求，又特别详尽地讲述了耕地分为春、夏、秋、冬，讲究深、浅，注意初、转、纵、横、顺、逆等，因时制宜、因地制宜进行耕作和管理的方法，甚至连耕坏了怎么补救的办法他都写进了书中。这些内容在战国时代秦国吕不韦所编的《吕氏春秋》和汉代的《氾胜之书》里，虽然都有所涉及，但远远没有贾思勰谈得那么透彻，那么便于操作。

对如何提高土地的地力，使农作物能不断从土地上得到充足的养料，贾思勰更是具有独到精辟的见解。他在《齐民要术》中提出了多种办法，其中尤其以轮种、套种为最佳，通过不同作物的轮换栽种或几种作物同时栽种使地里的养分尽其所用，并且还能促使地力尽快恢复。他明确地把先种哪些作物，后种哪些作物，以及采用不同的轮种方法得到不同的效果都一一记载下来，而这一切西欧人在当时仅识皮毛，只知道采用轮换休耕的办法提高地力而已。可见，贾思勰的研究比起当时的西欧来要先进得多。

《齐民要术》还为后世农民留下了丰富的农谚资源。例如："耕而不劳，不如作暴"，"天气新晴，是夜必霜"，"有闰之岁，节气近后，宜晚田"，"耕锄不以水旱息功"，"湿耕泽锄，不如归去"，"耕而不耢，不如做暴"，"二月三月种者为植禾，四月五月种者为稑禾"，"一年之计莫如种谷，十年之计莫如树木"，"蓬生麻中，不扶而直"，等等。这些丰富的农谚为农业的发展提供了很多经验。

《齐民要术》一书中引用古书多达150余种，从战国时期诸子中的农家籍，到北魏时期有价值的史书，他都作了许多摘录和引用。其中不少书今天虽然已经失传，但正因为《齐民要术》的摘引，才使得后代的研究者有可能从他的转述中窥见这些失传而又极有价值的史书的大致面貌。从这一点上看，贾思勰不仅为中国农业科学研究作出了巨大的贡献，而且对中国古代文化的保存也功不可没。

《齐民要术》的学术价值无疑是世界一流的，对促进中国古代农业生产的发展具有深远的影响。这部农学巨著还为今天的农业科技工作者了解和研究中国农业科学的发展史作出了不可替代的贡献。《齐民要术》的内容从大田作物中的谷类作物、油料作物、纤维作物到绿肥作物、饲料作物、香料作物、水生植物，以及瓜、果、蔬菜甚至树木无所不包，并且对农林副业，诸如制酱、酿酒、饲养鸡鸭猪牛也一应俱全。贾思勰之所以能写出这么庞大的农业专著，一方面是他辛勤实践、向老农学习总结出来的，另一方面也是他参阅了古代有关农业方面的书籍，吸取了前人的成果，博采众长得来的。贾思勰对前人的成果既不一概否定，也不盲目照搬。譬如：汉代的《氾胜之书》中有关于黍子的种植要稀一点的观点，贾思勰却提出黍子密植比稀植好的说法。他的理由是，稀植的黍子优点在于棵发得大，但带来的弊端是谷粒不饱满，因而瘪谷多，米色较黄。密植虽然棵发得小，但谷粒均匀，米色白，从而纠正了自汉代以来的错误引导。

综上，贾思勰所撰的《齐民要术》是一部综合性农书，也是世界农学史上最早的专著之一。它是中国现存的最完整的农书，在中国农学史以至世界农学史上都具有重要地位。它涉及的知识面极为广阔，可以说是一部名副其实的"农业百科全书"。它的价值得到了历史学家和经济学家的高度评价。

古代农学遗产之宝——王祯《农书》

  王祯（1271—1368），字伯善，元代东平（今山东东平）人。中国古代农学、农业机械学家。元成宗时曾任宣州旌德县（今安徽旌德县）尹、信州永丰县（今江西广丰县）尹。他在为官期间，生活俭朴，捐俸给地方上兴办学校、修建桥梁和道路、施舍医药，给两地百姓做了不少好事。时人颇有好评，称赞他"惠民有为"（《旌德县志》）。王祯像中国古代许多知识分子一样，也继承了传统的"农本"思想，认为国家从中央到地方政府的首要政事就是抓农业生产。

  王祯在旌德和永丰任职时，劝农工作取得了很大的成效，可以说政绩斐然。他所采取的方法是每年规定农民种桑树若干株；对麻、苎、禾、黍等作物，从播种至收获的方法，都一一加以指导；还画出钱、镈、耰、耧、耙等各种农具的图形，让老百姓仿造试制使用。他又"以身率先于下"、"亲执耒耜，躬务农桑"。最后，王祯把教民耕织、种植、养畜所积累的丰富经验，加上搜集到的前人相关著作资料，编撰成《农书》。

  王祯《农书》完成于1313年。它由三部分组成，第一部《农桑通诀》，即农业通论，共有6卷，19篇。书中首先论述了农业、牛耕和桑业的起源，农业与天时、地利及人力三者之间的关系；接着按照农业生产春耕、夏耘、秋收、冬藏的基本顺序记载了大田作物生产过程中，每个环节所应该采取的一些共同的基本措施；最后是《种植》、《畜养》和《蚕缫》三篇，载有林木种植，包括桑树，禽畜饲养以及蚕茧加工等方面的技术。这一部分中，还穿插了一些与农业生产关系不大的内容，如《祈报》、《劝助》等篇。第二部分《百谷谱》，共有 4 卷，11 篇。这部分属于作物栽培各论，书中一共叙述了谷属、蔬属等 7 类，80 多种植物的栽培、保护、收获、贮藏和加工利用等方面的技术与方法，后面还附有一段"备荒论"。第三部分《农器图谱》，共 12 卷，是王祯《农书》的重点，篇幅上占全书的 4/5，收集了 306 件图，分作 20 门。最后所附《杂录》包括两篇与农业生产关系不大的《法制长生屋》和《造活字印书法》。

王祯《农书》在中国古代农学遗产中占有重要的地位。它兼论北方农业技术和南方农业技术。王祯是山东人，在安徽、江西两省都做过地方官，又到过江浙一带，所到之处，常常深入农村做实地观察。因此，《农书》里无论是记述耕作技术，还是农具的使用，或是栽桑养蚕，总是时时顾及南北方的差别，南北方的特点都在书中有较为详细的比较，并注意它们的交流。可以说，在王祯《农书》以前的所有综合性整体农书，像《氾胜之书》、《齐民要术》、《农桑辑要》等，都只记述了北方的农业技术，没有谈及南方，更没有注意促进南北技术的交流。

王祯《农书》在前人著作的基础上，第一次对所谓的广义农业生产知识作了较为全面系统的论述，提出中国农学的传统体系。它明确表明广义农业包括粮食作物、蚕桑、畜牧、园艺、林业、渔业。从整体性和系统性来看，王祯《农书》超过《齐民要术》。《齐民要术》还没有明确的总论概念，属于这方面的内容只有《耕田》和《收种》两篇，构成全书的主要是农作物栽培各论，分别孤立地叙述各项生产技术。而王祯《农书》中的《农桑通诀》则相当于农业总论，首先对农业、牛耕、养蚕的历史渊源作了概述，其次以《授时》、《地利》两篇来论述农业生产关键所在的时宜、地宜问题；再就是以从"垦耕"到"收获"等 7 篇来论述开垦、土壤、耕种、施肥、水利灌溉、田间管理和收获等农业操作的共同基本原则和措施。《百谷谱》很像栽培各论，先将农作物分成若干属（类），然后一一列举各属（类）的具体作物。分类虽不尽科学，更不能与现代分类相比，但已具有农作物分类学的雏形，比起《齐民要术》尚无明确的分类要进步。另外，在《农桑通诀》、《百谷谱》和《农器图谱》三大部分之间，也相互照顾和注意各部分的内部联系。《百谷谱》论述各个作物的生产程序时就很注意它们之间的内在联系。《农器图谱》介绍农器的历史形制以及在生产中的作用和效率时，又常常涉及《农桑通诀》和《百谷谱》。同时根据南北地区和条件的不同，而分别加以对待。

将农具列为综合性整体农书的重要组成部分是从王祯《农书》开始的，也是本书一大特色。中国的传统农具，到宋元时期已发展到成熟阶段，种类齐全，形制多样。宋代已出现了较全面论述农具的专书，如曾之瑾所撰的《农器谱》三卷，又续二卷。可惜该书现已不复存在了。王祯《农书》中的《农器图谱》在数量上是空前的。《氾胜之书》中提到的农具只有 10 多种，《齐民要术》谈到的农具也只有 30 多种，而《农器图谱》收录的却有 100 多种，绘图 306 幅。在做这部分工作时，王祯花费的精力最多，不仅搜罗和形象地记载了当时通行的农具，还将古代已失传的农具经过考订研究后，绘出了复原图。

《授时指掌活法之图》和《全国农业情况图》也是王祯《农书》的首创。后图的原图已佚失，无法知其原貌，现在书中看到的一幅是后人补画的。《授时指掌活法之图》是对历法和授时问题所作的简明小结。该图以平面上同一个轴的八重转盘，从内向外，分别代表北斗星斗杓的指向、天干、地支、四季、十二个月、二十四节气、七十二候，以及各物候所指示的应该进行的农事活动，把星躔、季节、物候、农业生产程序灵活而紧凑地连成一体。这种把"农家月令"的主要内容集中总结在一个小图中，明确经济、使用方便，不能不说是一个令人叹赏的绝妙构思。

王祯《农书》中的《百谷谱》，是分论各种作物栽培的。其中包括谷属、蔬属、果属、竹木、杂类等内容。这一部分同其他古农书比较，多了植物性状的描述，这也是王祯《农书》的一项创举。如谷属中的粱秫，就有"其禾，茎叶似粟，其粒比粟差大，其穗带毛芒"的描述；谷属中的蜀黍，有"茎高丈余，穗大如帚，其粒黑如漆、如蛤眼"的描述；蔬属中的薤，有"叶似韭而阔，本丰而白深"的描述；蔬属中的韭，有"丛生，丰本，叶青、细而长，近根处白"的描述。

综上，王祯《农书》有以下几大优点：全面系统地论述了广义的农业，对南北农业的异同进行了分析和比较，有较为完备的《农器图谱》，在《百谷谱》中对植物的性状进行了描述。它超越了中国的许多经典农书，在中国农业发展史上起着重要的作用。

徐光启与《农政全书》

　　徐光启（1560—1633），字子先，号玄扈，教名保禄，汉族，明朝南直隶松江府上海县人，中国明末数学家、农学家、政治家、军事家，官至礼部尚书、文渊阁大学士。徐光启也是中西文化交流的先驱之一，是上海地区最早的天主教徒，被称为"圣教三柱石"之首。

　　徐光启出身农家，自幼即对农事极为关心。他的家乡地处东南沿海，水灾和风灾频繁，这使他很早就对救灾救荒很关注，并且研究排灌水利建设。步入仕途之后，他又利用在家守制、赋闲等各种时间，在北京、天津和上海等地设置试验田，亲自进行各种农业技术试验。

　　万历三十五年（1607 年）至三十八年（1610 年），徐光启在为他父亲居丧的 3 年期间，就在家乡开辟双园、农庄别墅，进行农业试验，总结出许多农作物种植、引种、耕作的经验，写了《甘薯疏》、《芜菁疏》、《吉贝疏》、《种棉花法》和《代园种竹图说》等农业著作。万历四十一年（1613 年）秋至四十六年（1618 年）闰四月，徐光启又来到天津垦殖，进行第二次农业试验。天启元年（1621 年）又两次到天津，进行更大规模的农业试验，写出了《北耕录》、《宜垦令》和《农遗杂疏》等著作。这两段比较集中的时间里从事的农事试验与写作，为他日后编撰大型农书奠定了坚实的基础。

　　天启二年（1622 年），徐光启告病返乡，冠带闲住。此时他不顾年事已高，继续试种农作物，同时开始搜集、整理资料，撰写农书，以实现他毕生的心愿。崇祯元年（1628 年），徐光启官复原职，此时农书写作已初具规模，但由于上任后忙于负责修订历书，农书的最后定稿工作无暇顾及，直到死于任上。以后这部农书便由他的门人陈子龙等人负责修订，于崇祯十二年（1639 年），亦即徐光启死后的第 6 年，刻板付印，并定名为《农政全书》。

整理之后的《农政全书》，"大约删者十之三，增者十之二"，全书分为 12 目，共 60 卷，50 余万字。12 目中包括：农本 3 卷，田制 2 卷，农事 6 卷，水利 9 卷，农器 4 卷，树艺 6 卷，蚕桑 4 卷，蚕桑广类 2 卷，种植 4 卷，牧养 1 卷，制造 1 卷，荒政 18 卷。书中大部分篇幅，是分类引录了古代的有关农事的文献和明朝当时的文献，徐光启自己撰写的文字大约有 6 万字。正像陈子龙所说的，《农政全书》是"杂采众家"又"兼出独见"的著作，当时人对徐氏自著的文字评价甚高。刘献廷《广阳杂记》载："人间或一引先生独得之言，则皆令人拍案叫绝。"

徐光启摘编前人的文献时，并不是盲目追随古人，卖弄博雅，而是区分糟粕与精华，有批判地存录。对于一些迷信之流，往往阙而不录，对于已收录的文献，也多采用"玄扈先生曰"（即今日之编者按）形式，或指出错误，或纠正缺点，或补充其不足，或指明古今之不同，不可照搬。但这还不是玄扈先生的目的，真正的目的在于"著古制以明今用"。

徐光启之所以能够在杂采众家的基础上兼出独见，是与他的勤于咨访、不耻下问的好学精神和破除陈见、亲自试验的科学态度分不开的。徐光启一生以俭朴著称，"于物无所好，唯好经济，考古证今，广咨博讯。遇一人辄问，至一地辄问，闻则随闻随笔。一事一物，必讲究精研，不穷其极不已"。因此，人们在阅读《农政全书》的时候，所了解到的不仅仅是有关古代农业的百科知识，而且还能够了解到一个古代科学家严谨而求实的大家风范。

　　《农政全书》的主导思想是"富国必以本业",所以徐光启把《农事》三卷放在全书之前。其中《经史典故》引经据典阐明农业立国之本,《诸家杂论》则引诸子百家言证明古来以农为重,此外兼收冯应京《国朝重农考》,其意皆在"重农"。徐光启的"农本"思想,不但符合泱泱农业大国既往之历史,而且未必无补于今时。当前,农业问题和农民问题仍然是国家决策的重要内容。从这一点出发,徐光启的"农本"思想仍有合理处,可取用于现时。

　　这本书中的《凡例》言:"水利者,农之本也,无水则无田矣。水利莫急于西北,以其久废也;西北莫先于京东,以其事易兴而近于郊畿也。"因地制宜兴修水利,并以此与屯垦储粮、安边保民、增强国力等措施紧密结合在一起,这是徐光启农政思想又一重要方面。书中"水利"一目,根据"西北"、"东南"地理之不同,提出一系列水利工程规划及措施,并引王祯《农书》的水利图谱以及熊三拔口述、徐氏本人笔记的《泰西水法》,这都是中国古代水利建设的经验总结,是值得认真发掘和利用的历史文化遗产。

　　书中《田制》之目有《井田考》一卷。本书《凡例》中有:"井田之制,不可行于今,然川遂沟浍,则万古不易也。今西北之多荒芜者,患正坐此。故玄扈先生作《井田考》,著古制以明今用。"徐氏征引历代文献,研究田亩制度,并引王祯《农书》,介绍各种"田制"的不同特点及其利用情况,目的是为了提倡因地制宜、充分利用土地资源,以期富国利民。

　　书中《荒政》一目,占全书1/3以上,可见备荒救灾又是徐氏农政思想的重要内容。徐氏如此重视荒政,出发点虽然是站在维护封建统治者的立场上,但其主"预弭为上,有备为中,赈济为下"之救灾方针,于国计民生不无好处。徐氏所录之《救荒本草》与《野菜谱》,无论是饥馑之岁,抑或丰穰之年,于拓展人世养生资源方面,功德无量,意义久远。

　　全书最有学术价值的是《树艺》、《种植》等目所记载的植物及其栽培方法。据统计，《农政全书》目录上记有栽培植物159种，皆国人千百年来衣食住行取资之源。徐氏以其审慎之科学态度，广征历史文献，加之实地调查，乃至亲自试验，因此书中所记植物之形态、特征、价值及栽培方法，大多信而有征。根据历史文献，发掘濒临绝种的珍稀植物，总结历史上遗留下来的各种有用植物的栽培方法，至今仍为农学研究之重要课题。从这一点来说，《农政全书》这部历史文献的实用价值是不言而喻的。如果说《氾胜之书》为历史上作物栽培各论形成的开始，《齐民要术》为奠定基础之书，把《农政全书》视为集大成之作是很合理的。

《农政全书》囊括了古代农业生产和人民生活的各个方面，而其中又贯穿着一个基本思想，即徐光启的治国治民的"农政"思想。贯彻这一思想正是《农政全书》不同于其他大型农书的特色之所在。其他的大型农书，无论是北魏贾思勰的《齐民要术》，还是元代王祯的《农书》，虽然是以农本观念为中心思想，但重点在生产技术和知识，可以说是纯技术性的农书。《农政全书》是一部很有价值的古农书，它犹如一座含金量很高的富矿有待进一步开发和利用。